십 대를 위한

다정한
미래과학

10월의 하늘 과학 강연

십 대를 위한 다정한 미래과학
– 인공지능 시대에 따뜻하고 지속가능한 미래를 여는 과학

1판 3쇄 펴낸날 2024년 7월 15일
글쓴이 김혜영 강성주 김효임 구형찬 정병진 민일 전요셉 김연중
펴낸이 정종호
펴낸곳 (주)청어람미디어

편집 홍선영
디자인 이규헌, 이원우
마케팅 강유은
제작·관리 정수진
인쇄·제본 (주)성신미디어

등록 1998년 12월 8일 제22-1469호
주소 04045 서울시 마포구 양화로 56, 1122호
전화 02-3143-4006~4008
팩스 02-3143-4003
이메일 chungaram_media@naver.com
홈페이지 www.chungarammedia.com
인스타그램 www.instagram.com/chungaram_media

ISBN 979-11-5871-226-6 43400
잘못된 책은 구입하신 서점에서 바꾸어 드립니다.
값은 뒤표지에 있습니다.

십 대를 위한
다정한
미래과학

인공지능 시대에 따뜻하고
지속가능한 미래를 여는 과학

10월의 하늘 과학 강연

김혜영 | 강성주 | 김효임 | 구형찬
정병진 | 민 일 | 전요셉 | 김연중

성어람미디어

다 함께 즐기는 과학 콘서트가
오랫동안 되어주길

'10월의 하늘'이 2023년 올해로 14회째를 맞는다. 2010년부터 시작된, 10월의 마지막 토요일에 작은 도시 도서관에서 열리는 과학자들의 과학 강연 기부가 올해도 어김없이 이어지고 있다는 뜻이다(http://octobersky.org/). 10월의 하늘은 전국 작은 도시 50개 도서관에서 100명의 과학자와 공학자들이 1만 명의 시민에게 무료로 과학 강연을 하는 행사다. 지금까지 10만 명이 넘는 어린이, 청소년, 시민이 10월의 맑은 하늘 아래에서 과학자의 강연을 들었다고 생각하니, 그 자체로 깊은 감동이 밀려온다. 이렇게 가을 하늘 아래에서 오늘의 과학자는 내일의 과학자를 만난다.

사실 그 출발은 소소했다. 2006년 무렵, 서산의 한 시립도서관에 초청받아 그곳에서 과학 강연을 할 기회가 있었다. 그런데 의외로 학생들의 반응이 뜨거웠다. 과학자를 보기 위해 읍내에서 한 시간 넘게 버스를 타고 온 학생부터 과학자를 처음 본다며 몸을 만지려는 장난꾸러기까지, 내 예상을 훌쩍 뛰어넘었다. 심지어 그들에게 뭔가 해줄 수 있는 과학자인 나 자신이 근사해 보였다. 그 후 지방 도서관에서 과학 강연을 하는 걸 재능 기부인 줄도 모른 채 몇 해 동안 해왔다. 자동차가 다다르지 못하는 낙도에서 강연할 때는 학교 강의실에서 자기도 했고, 학생이 여섯 명밖에 안 되는 산골 중학교에선 전교생과 다같이 열린 수업을 하기도 했다. 전혀 힘든 줄 모르고 그들과 과학을 즐겁게 떠들었다.

혼자만 하기 아쉬워, 2010년 9월 '저와 함께 작은 도시 도서관에서 강연 기부를 해주실 과학자 없으신가요'라고 트위터에 글을 남겼는데, 놀라운 일이 벌어졌다. 불과 8시간 만에 연구원·교수·의사·교사 등 100여 명이 기꺼이 강연 기부를 하겠다며 신청을 해주신 것이다. 허드렛일이라도 돕겠다는 분, 책을 후원하고 싶다는 분들도 수백 명에 달했다. 덕분에 첫해 전국 29개 도서관에서 67명의 과학자가 동시에 과학 강연을 해주었고, 그 후로도 매년 50여 개 도서관에서 100명의 과학자가 과학 강연을 무료로 해주시게 된 것이다. '일 년 중 364일은 자신의 재능을 세상에 정당히 청구하지만, 10월의 마지막 토요일 하루만은 더 나은 세상을 위해 내 재능을 기꺼이 나누고 기부하자'라는 우리의 취지를 많은 분이 공감해 주셨다.

전 세계적으로 화제가 되고 있는 TED 강연에 비하면, '10월의 하늘'은 한없이 초라하다. 세계적인 석학이 강연하는 것도 아니고, 근사한 강연장도 없다. 비싼 참가비를 받는 것도 아니고, 'TEDX 운영자'처럼 재능 기부자들의 이력서에 스펙을 더해 주지도 않는다. 재능 기부로 진행되는 '10월의 하늘'은 누구든 참여해 강연할 수 있다. 운영도 '기억으로 가입되고 망각으로 탈퇴되는' 느슨한 준비위원회가 진행한다. 책 후원만 받을 뿐 돈을 한 푼도 받지 않으며, 모든 활동이 재능 기부로만 이루어진다.

그럼에도 불구하고 '10월의 하늘'이 유지될 수 있는 것은 강연회의 감동을 잊지 못한 재능 기부자들 덕분이다. 먼 거리를 버스 타고 온 학생들의 눈망울을, 40분 강연을 위해 사흘을 준비하고 하루 종일 차를 타고 작은 도시까지 와서 강연해 준 과학자의 열정을, 한 번도 과학 강연을 준비해 본 적 없는 도서관 사서 선생님의 친절한 배려를 잊지 못해, 올해도 10월의 마지막 토요일을 기다려온 분들 덕택이다.

과학자를 한 번도 본 적 없는 어린이들이 과학자가 되길 꿈꾸긴 힘들다. 과학자의 강연은 과학지식을 배우는 것을 넘어, 과학자와의 대화를 통해 우주와 자연과 생명과 의식의 경이로움을 만끽하는 시간이다. 강연을 듣는 동안 과학자들의 한마디, 공학자들의 숨결에서 청소년들은 우주를 탐구하는 과학에 매료되고, 자연을 연구하는 과학자를 열망하게 된다. 바쁜 일상에 쫓겨 밤하늘을 올려다볼 여유를 잃어버린 시민들은 오랜만에 집으로 돌아가는 버스 안에서 가을 하늘을 올려다보게 된다.

강연은 10월의 마지막 토요일 하루에만 열리지만, 도서관을 찾은 시민들은 과학에 대한 호기심을 과학 서적을 통해 일 년 내내 이어갈 수 있다. 도서관에 처음 와본 시민들은 이제 문턱이 낮아진 도서관에 자주 방문해 과학책을 읽게 될 것이다. 두 시간 남짓 강연으로 채 충족하지 못한 호기심은 서점에서 이 책을 구입해 읽으면서 너끈히 충족될 것이다. 우리 도시에서 열린 강연은 들었지만, 매년 다른 도시에서 열리고 있는 49개 10월의 하늘, 98명의 과학자 강연을 '10월의 하늘 책 시리즈'를 통해 엿볼 수 있다. 이 행사를 매년 도서관에서만 하는 이유이자, 이렇게 근사한 책으로 펴내는 까닭이다.

10월의 하늘을 만들고 운영하면서 늘 머릿속에 품고 있는 화두는 '지속가능성'이다. 과연 이 행사를 언제까지 계속할 수 있을까? 트위터나 페이스북으로 홍보해 잠시 모였다가 강연회가 끝나면 바로 사라지는 이 행사가 과연 30년 이상 버틸 수 있을까? 10월의 하늘이 오랫동안 유지되기 위해서는 역시나 다른 행사들처럼 법인화된 조직이 필요한 걸까? 더 많은 사람이 참여할 수 있도록 소셜 미디어뿐 아니라 언론을 통해 광고하고, 기업의 후원을 받아야 할까?

주변의 수많은 현실적 조언을 뒤로하고, 올해도 첫해처럼 돈과 조직 없이 소박하게 시작한다. '자발적인 참여가 가장 폭발적인 열정을 만들어낸다'라는 작은 믿음 하나로 말이다. 한국도서관협회가 도서관을 모집해 주고, 열정적인 재능 기부자들이 모여 강연자와 도서관을 연결하는 것만으로, 전국 50여 개 도서관에서 100명의 과학 강연이 벌어질 수 있다는 걸 세상에 보여주고 싶어서 말이다.

10월의 하늘이 지속가능한 이유 중 하나는 청어람미디어를 통해 이렇게 10월의 하늘 과학 강연들이 책으로 출간되는 덕분이다. 우리는 이 책을 통해 과학 강연을 차곡차곡 기록하고, 그 인세로 당일 학생들에게 엽서를 나누어주어 강연자들에게 편지를 쓸 수 있도록 해드린다.(이 편지야말로 강연자들이 10월의 하늘을 통해 얻는 최고의 기쁨이다!) 이 책의 인세로 10월의 하늘 공식 포스터를 인쇄해 도서관들에 보내어 홍보도 할 수 있도록 해드린다. 도서관별로 기부받은 책들에는 이 책의 인세로 만든 예쁜 '10월의 하늘' 스티커도 붙여드린다. 돈을 한 푼도 주고받지 않지만, 돈이 필요한 곳에 이 책의 인세가 따뜻하게 전해진다. 다시 말해, 10월의 하늘을 응원하는 가장 좋은 방법 중 하나는 이 책을 사서 읽는 것이라는 얘기다. 이 책의 모든 독자는 과학자들 못지않게 '10월의 하늘'과 하나다.

나를 필요로 하는 누군가에게 내가 가진 재능을 기부하겠다는 마음은 그 자체로 '세상을 향한 거대한 사랑 고백'이다. 설레는 마음으로 준비하고, 나를 필요로 하는 사람과 뜨겁게 만나고, 그날의 감동을 오래도록 간직하는 소중한 기억. 재능 기부는 나와 한 시대를 살아가는 동시대인들에게 보내는 거대하면서도 따뜻한 사랑 고백이다.

이 책을 읽은 어린이, 청소년, 시민 중 누군가는 언젠가 과학자 혹은 공학자가 되어, 다음 세대에게 '10월의 하늘' 과학 강연을 되돌려 주었으면 한다. 아주 근사한 내일의 과학자가 되어 모레의 과학자들을 기꺼이 만나주길 바란다. '10월의 하늘'을 통해 과학자의 꿈을 미래 세대에게 나누어 주었으면 좋겠다. 하나의 강연이, 한 권의 책이, 우리를 과학자로 이끈다.

2023년 10월, 또다시 근사한 과학소풍을 준비하며
정재승

(KAIST 뇌인지과학과 교수, 융합인재학부장, 10월의 하늘 준비위원)

차례

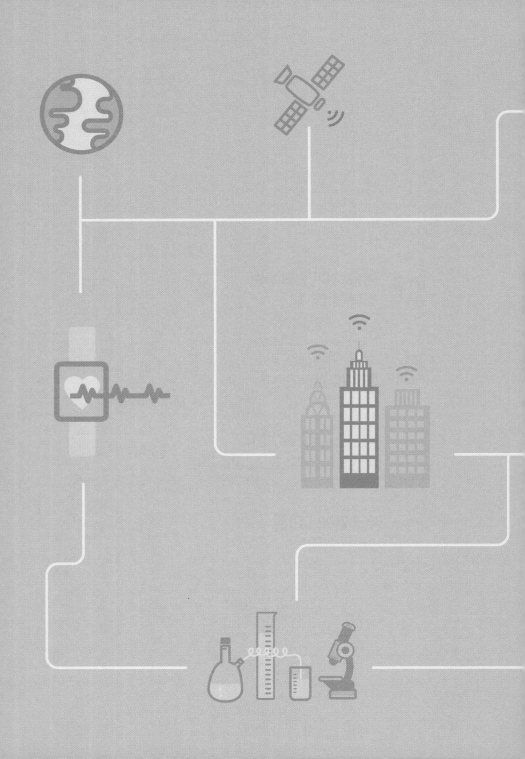

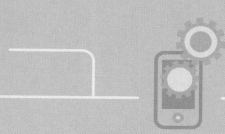

4차 산업혁명이 가져온
놀라운 세상과
미래 직업

김혜영

4차 산업혁명이 가져온
놀라운 세상과 미래 직업

18세기 증기 혁명인 1차 산업혁명, 19세기 전기를 사용한 2차 산업혁명, 그리고 컴퓨터와 인터넷이 등장하며 3차 산업혁명이 있었습니다. 지금 21세기는 4차 산업혁명 시대입니다. 10여 년 전 등장한 '초연결', '초지능', '초융합'으로 표현되는 4차 산업혁명이란 무엇이고 우리에게 어떤 영향을 끼쳤기에 이렇게 뜨거운 화두가 되었을까요? 4차 산업혁명은 우리가 자주 듣는 사물인터넷, 가상현실, 증강현실, 인공지능, 로봇, 빅데이터, 자율주행, 드론, 클라우드, 메타버스, NFT, 블록체인, 챗GPT 등을 말합니다.

이 글에서는 4차 산업혁명의 여러 기술 중 대표적인 네 가지, 사물인터넷(IoT), 가상현실/증강현실(AR/VR), 인공지능(AI), 로봇을 소개할 거예요. 그리고 이러한 4차 산업혁명 기술이 만들어가는 놀라운 세상에서 여러분의 진로와 관련해 앞으로 사라질 직업과 유망한 직업들을 살펴보겠습니다.

🦉 사물인터넷

2015년 무렵으로 기억됩니다. 사물인터넷(IoT, Internet of Things)이라는 말을 처음 들었습니다. '사물인터넷'이라는 생소한 용어에 혹시 '사물에 인터넷이 달렸다는 것일까?' 당시 연필, 책상 같은 사물을 요리조리 보며 이런저런 상상을 했던 기억이 생생합니다. 이 글을 읽으면서 혹시 "나도 그렇게 생각했어!"라고 말하는 분들이 있을지도 모르겠습니다.

사물인터넷이란 인터넷 환경에서 사람, 사물, 장소 등 유형 무형의 사물들이 연결되어 상호작용하는 것을 말합니다. 예를 들면 제가 핸드폰/모바일의 버튼을 눌러 집 안에 어떤 일이 일어났다면, 그것은 저의 모바일과 집 안의 물건들이 무엇인가로 연결되어 있어서 가능한 일입니다. 그러니까 집 안 물건들에 센서가 장착되어 있고 모바일로 이들 가전제품을 조정할 수 있다는 거지요.

그럼, 잠시 저와 함께 상상해 볼까요? 먼저 방 안 온도를 조절해 보겠습니다. 제가 핸드폰 상단의 '22℃로 온도를 맞춰줘'라는 버튼을 누르면 실내 온도가 22℃로 설정됩니다. 만약 '페퍼로니 피자를 주문해줘'라는 버튼을 누르면, 모바일에 미리 저장해 놓은 피자집에 주문이 들어가고, 자동으로 카드에서 결제가 되며, 약 30분 후 "딩동~" 하며 피자가 집으로 배달되지요.

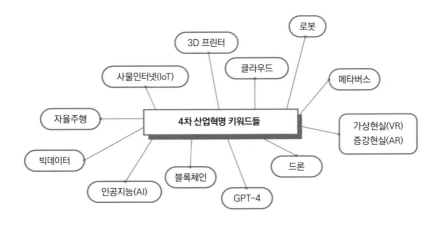

사물인터넷 세상은 센서로 뒤덮여 있다고 해도 과언이 아닙니다. 몇 가지 예를 들어볼게요. 강아지 산책 시간을 깜박 잊고 다른 일에 몰두해 있을 때, 강아지에 설정해 놓은 센서는 "강아지 산책시킬 시간이에요!"라고 알려줍니다. 열쇠를 잃어버렸을 때는 열쇠가 말합니다. "저를 여기에 놓으셨네요"라고요. 냉장고의 센서는 식료품이 떨어지면 "우유가 떨어졌어요"라고 알려주겠죠. 우리 몸에 센서를 부착하면 "혈압이 너무 높으니 주의하세요"라든가, 수도에 장착해 놓은 센서는 "제가 오염도 측정하고 있어요"라고 말하며 필터를 교환해 달라고 알람을 보낼 수도 있습니다. 이렇게 센서로 연결된 다양한 기기로 인해 핸드폰에서 알람이 뜨기도 하고 기기들을 조정도 하는 기술이 바로 사물인터넷(IoT) 기술이지요.

흔히들 4차 산업혁명은 '소프트웨어(SW)를 통한 제품의 지능화'라고 하는데요, 왜 그럴까요? 가까운 미래에 펼쳐질 집 안 풍경을 잠깐 상상해 보겠습니다.

> 테디라는 주인공은 사무실에서 일을 마친 후, 컴퓨터에 메모를 남깁니다. "사무실에서 출발할 예정. 45분 후 집에 도착함. 제니가 저녁을 먹으러 8시에 옴." 그러면 이 내용을 집에서 수신해서 집 안의 모든 가전제품에 알리지요. 먼저 오븐이 "테디가 지금 막 사무실에서 출발했어"라고 말하며 "45분 후에 작동 준비!"라고 말합니다. 냄비는 "알았어. 맛있는 저녁을 준비할게!" 전자레인지는 자신이 필요 없는 저녁 식사인 것을 판단하고는 "그럼, 난 저녁에 꺼져 있을게"라고 스스로 전원을 끕니다. 거실에서 카펫이 "진공청소기 돌린 지 116시간 43분 19초 지났음"이라고 말하자, 옆에 있던 청소기는 "전기량 측정 완료. 이제 청소할 준비!" 하며 전원을 켭니다. 세탁실에 있는 세탁기는 "그렇다면 이제 더러운 옷을 빨 시간이네." 하며 작동합니다. 청소기가 거실의 소파 옆을 지나가며 먼지를 빨아들이자, 소파는 "나도 좀 깨끗이 해줘"라고 요청합니다. 하지만 청소기는 "미안, 그것은 내 일이 아니야"라고 대꾸합니다. 소파는 입술을 삐죽거립니다.
>
> (자료 : https://www.youtube.com/watch?v=i5AuzQXBsG4)

어쩌면 여러분이 성인이 되기 전에 이런 세상이 올지도 모르겠네요. 상상만으로도 환상적이지 않나요?

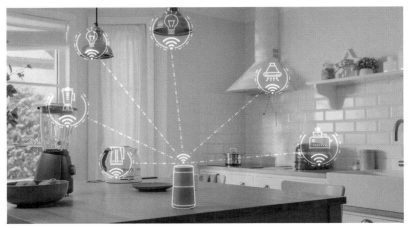
센서가 연결된 가전제품들이 신호 정보를 받아 스스로 판단해 작동하는 스마트홈

　애플의 창립자인 스티브 잡스가 세상에 내놓은 스마트폰으로 IoT 시장은 더욱 가속화되었어요. 시장점유율이 가장 높던 노키아의 폴더폰은 몰락하며 스마트폰의 양대 산맥 시대가 펼쳐집니다. 여러분도 잘 알고 있는 애플사의 아이폰과 삼성전자의 갤럭시S 시리즈입니다. 아이폰이 출시된 2007년 이후, 아이폰은 계속 발전해 2023년 9월 아이폰15가 출시되었죠. 갤럭시S는 2010년 갤럭시 S1이 출시된 후, 2023년 2월에 S23 시리즈가 출시되는 등 세상은 정말 빠르게 발전하고 있습니다.

　가전제품뿐 아니라 바이오-헬스케어 제품들도 IoT를 활용하고 있습니다. 대표적으로 스마트 워치도 IoT 제품이지요. 스마트 워치는 시간을 확인하고 전화나 문자 알림을 받는 기능을 뛰어넘어 심박수와 혈압, 혈중 산소포화도, 체온 등 사용자의 건강 정보가 들어 있습니다. 이제는 결제 같은 금융 서비스도 간편하게 이용할 수 있습니다.

그 외에도 스마트 체중계, 스마트 냉장고, 스마트 프라이팬, 스마트 거울 등도 IoT를 활용한 제품들입니다. 스마트 프라이팬에는 온도 센서가 있어 모바일 요리 앱과 연동해 요리법에 따라 가장 적절한 온도가 되면 알려줍니다. 언제 음식을 뒤집어야 하는지도 알려주니 요리 초보자도 음식을 태우지 않을 것 같습니다. 그리고 스마트 거울은 거울에 있는 옷을 터치하면 그 옷을 입은 모습이 거울에 보입니다. 옷을 구매할 때 의상을 여러 번 입어볼 필요 없이 편리하게 선택할 수 있습니다.

스마트 워치는 시계 기능 외에 심박수와 혈압, 혈중 산소포화도, 체온, 운동량 등 사용자의 건강 정보도 확인할 수 있다.

🤖 가상현실과 증강현실

여러분은 전투기를 직접 조종하는 상상을 해본 적 있나요? 우주여행을 꿈꿔본 적은요? 게임, 우주여행, 위험한 실험, 특수훈련, 역사 공부 등 현실에서 직접 경험하기 힘든 환경을 가상현실(VR, Virtual Reality)을 통해 체험할 수 있습니다.

가상현실은 컴퓨터로 만든 가상의 세계에서 사람이 실제와 같은 체험을 할 수 있도록 하는 최첨단 기술입니다. 주로 머리에 장착하는 디스플레이 장치 HMD(Head-Mounted Display)를 활용해 체험할 수 있습니다. HMD를 통해 보이는 가상의 세계에서 시공간을 초월해 우주전쟁

머리에 디스플레이가 달린 VR 헤드셋을 끼고 가상여행, 교육, 비디오 게임을 하는 할 수 있는 기술이 실현되고 있다.

가상현실과 증강현실은 스마트 안경, 게임 복, 손과 발이 닿는 촉각 감지 장갑 등 다양한 장비를 이용해 실제 같은 체험을 할 수 있다.

을 경험할 수도 있고, 고려 시대로 갈 수도 있고, 심지어 원자폭탄의 위력도 경험할 수 있습니다. 사격 연습이나 비행기 조종도 해볼 수 있고, 가고 싶은 해외 관광지를 맘껏 여행할 수도 있습니다. 촉각을 지원하는 장갑(Haptic Device)을 끼면 가상현실 속에서 톡톡 피아노 치는 감각을 느낄 수 있고, 들판에 펼쳐진 갈대를 건드리면 그 촉감을 그대로 느낄 수 있습니다. 이러한 기술이 대중화된다면 앞으로 극장에서 더욱 생생하고 실감 나는 영화를 볼 수 있겠네요.

증강현실(AR, Augmented Reality)은 무엇일까요? SF영화 속에서 특수 안경을 쓰면 앞에 있는 사람의 정보가 글자로 나타나는 장면을 본 적이 있을 것입니다. 증강현실은 이처럼 우리 눈으로 보는 현실 세계에 3차원의 가상의 글이나 그림을 겹쳐서 보여주는 기술입니다. 스마트폰, 태블릿PC 또는 안경 형태 등의 기기를 통해 볼 수 있습니다. 증강현실용 안경을 쓰고 거리를 걸으면 레스토랑, 카페 등의 정보들이 겹쳐서 보이겠죠. 냉장고 안을 들여다보면 음식 정보가 함께 보이며, 산과 들을 갈 때면 관광 정보가 함께 보이고, 유적지나 유물들을 볼 때마다 온갖 정보가 함께 제공되는 등 완전히 새로운 세상이 펼쳐집니다.

증강현실 기술은 방송은 물론 게임, 교육, 오락, 쇼핑 등에서도 많이 활용되는데요, 관중석에서 AR 안경을 쓰고 야구 경기를 보면 출전 선수의 정보를 함께 볼 수 있고, 스마트폰이나 태블릿PC로 교재를 보면 알아야 할 추가 정보가 화면에 3D로 함께 나타나 학습에 도움이 됩니다.

🤖 인공지능, 어디까지 왔나?

2016년 전 세계의 가장 큰 이슈는 알파고 대 이세돌의 세기의 바둑 대결인 '구글 딥마인드 챌린지 매치'였습니다. 2015년 강화학습 기반의 알고리즘으로 탄생한 '알파고'는 출시 당시 IT 전문가들에게는 이슈였지만, 일반인들은 그 성능이 얼마나 우수한지 알지 못했습니다. 구글의 CEO는 알파고의 우수성을 전 세계에 알릴 방법으로 바둑계의 황제인 이세돌에게 도전장을 내밀며 전 세계의 이목을 집중시켰습니다. 당시 많은 사람이 바둑의 무궁무진한 경우의 수를 고려한다면 인공지능(AI)이 바둑계의 최강자인 이세돌을 이길 수 없다고 생각했습니다. 하지만 결과는 알파고가 4:1로 승리함으로써 인공지능의 우수성을 실감했습니다. IT 외신기자들이 이세돌에게 경기 소감을 묻자, 그는 "나 이세돌이 알파고에 진 것이지, 우리 인류가 진 것은 아닙니다"라고 겸손하게 답했지만 이후로 알파고를 이긴 인간은 현재까지 나타나지 않았습니다. 이세돌은 IT 역사상 알파고를 이긴 유일한 인간으로 기록되었지요.

그렇다면 이러한 인공지능 기술은 지금 우리 삶 어디까지 들어 왔을까요? 인공지능이 사람을 면접하는 시대가 되었습니다. ㈜마이더스아이티의 'AI 면접' 솔루션인데요, 현재 국내 대기업의 약 80%가 이 솔루션을 이용해 기업의 입사시험을 진행할 정도입니다. 회사가 원하는 인재 조건에 맞춰 AI가 응시자들을 평가한다고 하니, 이제는 인간이 AI의 특성까지도 알고 준비해야 하는 세상인 거죠.

AI 음성 기술도 있습니다. 녹음된 말소리들을 딥러닝으로 학습한 뒤, 글자를 입력하면 그 사람의 목소리와 억양, 미세한 호흡까지 표현해 말합니다.

또 만들어진 음성에 맞춰 자동으로 눈썹의 움직임과 입 모양 같은 얼굴의 미세 표정을 구현하는 것이라든지, 강의자 얼굴에 가상인간의 모습을 덧씌워 자연스럽게 말하고 표정 짓는 AI 합성 기술도 있습니다. 바로 AI 가상인간입니다. 300만 명이 넘는 인스타그램 팔로워를 가진 세계적인 인플루언서 릴 미켈라(Lil Miquela), 일본의 가상 모델 이마(Imma), 세계 최초의 가상 흑인 슈퍼모델 슈두(Shudu) 등에 이어, 국내에서도 MZ세대가 좋아하는 얼굴형과 목소리를 닮은 신한라이프의 가상인간 로지(Rozy)가 한 달 만에 유튜브 조회수 1,100만을 기록하며 국내 버추얼 인플루언서 시장을 달구었습니다. 양 갈래로 땋은

네오엔터디엑스의 리아 팀장(왼쪽)과 유튜브 김혜영TV와 네오엔터디엑스의 가상인간 비교 영상(오른쪽)

머리에 힙합 청바지를 입은 신한라이프의 모델 로지 외에도 삼성전자의 네온(Neon), LG전자의 래아(Reah), 롯데홈쇼핑의 가상 쇼호스트 루시(Lucy), 디오비스튜디오의 루이(Rui)에 이어 네오엔터디엑스가 개발한 직장인 리아(Ria) 팀장까지 광고계와 SNS에서 가상인간들이 종횡무진하고 있습니다. 이들은 마치 미래 세계로의 입문 같은 신선한 충격을 주고 있습니다. 또 인공지능은 예술의 분야로까지 확장되어 화가처럼 그림도 그리고 지휘자 대신 인공지능 로봇이 지휘봉을 잡고 오케스트라를 지휘하기도 합니다.

가상인간이 사람을 대신하는 때도 있지만, 인간이 거꾸로 가상 인간의 삶을 살 수도 있습니다. 현실 속에서 가상의 분신을 두세 개 정도 가지고 새로운 삶을 사는 시대가 멀지 않았습니다.

🤖 우리 일상으로 들어온 로봇

　로봇은 이제 우리 주변에서도 어렵지 않게 볼 수 있습니다. 가정과 직장, 여가생활, 음식점, 대형 마트 등에서 로봇은 우리의 삶의 질 향상을 위해 인간과 함께 일하고 있습니다. 아마존의 창고 로봇 키바, 소프트뱅크의 감성 로봇 페퍼, 하반신마비 장애인 보조 로봇인 현대기아차의 착용 로봇 그리고, 코로나 시대에 원격의료를 도왔던 보스턴다이나믹스의 로봇 개, 최근 음식점에서 많이 사용하고 있는 서빙 로봇 등이 그들입니다.

　2011년 3월 11일, 일본 동북부 지방을 관통한 대지진으로 쓰나미가 발생했습니다. 후쿠시마 원자력발전소에 전원이 중단되면서 원자로를 식혀주는 냉각장치가 멈췄고, 다음날 수소폭발이 일어났습니다. 대량의 방사성 물질이 누출되고, 수많은 사상자와 대기오염, 토양오염, 해양오염 등 엄청난 피해가 발생했지요. 이에 전 세계 과학자와 공학자들은 만약 우수한 로봇이 있어 원자로 안으로 들어가 새고 있는 냉각수 밸브를 잠글 수 있었다면 다량의 방사선이 유출되는 참극은 막을 수 있었을 것이라며 매우 안타깝게 생각했습니다. 그래서 그 이듬해인 2012년 세계재난구조로봇대회(DRC, DARPA Robotics Challenge)를 개최하게 되었습니다. 이후 해마다 열린 이 대회에서 우리나라 KAIST의 오준호 교수팀이 이끄는 DRC 휴보 로봇은 2015년 8가지 임무를 45분이라는 최단 시간에 완수했습니다. 이로써 대회 1위를 차지하며 상금 2백만 달러와 함께 전 세계에 대한민국의 로봇 기술의 우수성을 알렸지요. 당시 로봇이 수행해야 하는 8가지 임무는 꽤 복잡한 작동과 기능을 포함하고 있습니다. ①로봇이 지정한 장소까지 자동차를 직접 운전해서 몰고 들어갈 것, ②자동차에서 내린 다음 울퉁불퉁한 돌무더기를 넘어 들어갈 것, ③진입로를 막고 있는 잔해를 치워낼 것, ④문을 열고 건물 안으로 들어갈 것, ⑤작업용 사다리를 기어 올라간 다음 공장 내부의 작업자용 통로를 통과할 것, ⑥주변의 도구를 이용해 콘크리트 패널에 구멍을 뚫을 것, ⑦냉각수가 새고 있는 파이프를 돌려서 잠글 것, ⑧소방호스를 소화전에 연결하고 밸브를 열 것 등의 임무였습니다. 이후 휴보 팀은 ㈜레인보우로보틱스를 설립했고, 2021년 코스닥에 상장해 2023년 약 3조 원의 기업으로 성장했습니다.

인간을 대신하는 로봇 외에도 동물 로봇도 있습니다. 2015년 아마존의 CEO인 제프 베저스의 애완견이라고도 불리는 로봇 개 '스팟'이 유튜브로 공개되었습니다. 영상에서 '스팟'은 언덕이나 계단을 거뜬히 오르내렸고, 낯선 사람이 발로 차도 넘어지지 않고 균형을 잡는 등 실제 개의 모습과 똑같았습니다. 바로 미국의 보스턴다이내믹스의 로봇 개입니다. 이 외에도 4족 보행 로봇인 빅도그(Bigdog)·스팟미니(SpotMini)·와일드캣(WildCat)·치타(Cheetah), 2족 보행을 하는 휴머노이드 로봇 아틀라스(Atlas) 등을 출시했습니다. 특히 단순히 걷고 뛰는 것이 아니고 점프해서 장애물을 피하고, 계단을 뛰어오르고, 공중제비 돌기를 하는 등 움직임이 빠르고 정교해 당시 큰 화제가 되기도 했습니

미술관에서 도슨트 역할을 하는 로봇(왼쪽)과 가까운 미래에 실현될 부엌에서 사용하는 인공지능형 로봇(오른쪽)

다. 이 기업은 2020년 12월 현대차그룹이 지분 80%를 인수하면서 명실상부 대한민국의 기업이 되었습니다.

로봇 개 '스팟'의 용도는 무궁무진합니다. 인간이 일하기 어려운 산업 현장에서 센서를 이용해 탐지하고 계측, 기록, 촬영하는 등 인간 역할을 대신 수행합니다. 건설 현장과 발전시설이나 원자로 해체 같은 위험한 환경에서 모니터링하는 역할을 합니다. 그리고 공항, 역, 항만, 군부대, 교도소 등에서 정찰견과 폭발물 탐지견의 역할도 할 수 있습니다. 뉴질랜드에서는 양몰이를 하는 목동으로, 코로나19 때는 거리나 공원에서 사람들에게 사회적 거리두기를 알리는 안내견으로, 그리고 병실을 돌아다니며 의사들의 원격회진을 돕는 역할을 했습니다.

산업 현장이 아닌 일상에서도 로봇을 자주 볼 수 있습니다. 앉은 자리에서 태블릿PC로 음식을 주문하면 서빙 로봇이 식당 안을 돌아다니며 주문한 음식을 앉은 자리까지 가져옵니다. 미술관에서는 도슨트 역할을 대신해 미술 작품 해설을 하기도 합니다. 앞으로 '1가구 1로봇' 시대가 멀지 않았습니다.

🛠 4차 산업혁명이 가져온 놀라운 세상

2020년 1월 7일, 미국 라스베이거스에서 진행된 세계 최대의 IT/가전기기 전시회인 'CES 2020'의 핵심 주제는 '진화하는 인공지능(AI)'이었습니다. 이 전시회에서 삼성전자는 AI 기반의 반려 로봇인 노란 공 '볼리(Ballie)'를 선보였습니다. 우리의 주인공 볼리를 소개해 볼게요.

볼리는 아침이 된 것을 인식하고 커튼을 엽니다. 그리고 TV의 알람을 울려 주인을 깨우지요. 주인은 침대에서 "안녕, 볼리!" 하고 아침 인사를 하며 일어납니다. 주인의 뒤를 1~2m 떨어져서 따라다니는 볼리는 카메라가 달려 있어 집 안 곳곳을 모니터링하고, 스마트폰, TV 등 주요 기기와 연동해 임무를 수행합니다.

실내 온도와 습도를 조절하고, 주인의 요가하는 모습을 촬영해 TV 화면에 보여줍니다. '주인님의 아름다운 뒷모습은 이렇게 생겼어요.' 마치 주인이 무엇을 원

AI 기반의 반려 로봇 '볼리'

하는지 아는 듯이요. 이것을 본 주인은, "오우 센스쟁이!" 하며 볼리에
게 찡긋 미소를 짓습니다. 그러고는 출근하며 "굿바이, 집 잘 지켜, 볼
리!"라고 말합니다.

볼리가 집 안을 카메라로 들여다보니, 친구인 강아지가 심심해하며
마루에 엎드려 있습니다. 볼리는 말합니다. "걱정 마, 강아지야, 내가
재미있는 것 보여줄게." 하고는 세로인 TV를 가로로 만든 뒤, 강아지
채널을 틀어줍니다. 강아지는 즐겁게 TV를 보고 있고, 볼리는 이 장면
을 촬영해 주인에게 전송합니다. '강아지가 이렇게 잘 놀고 있으니 걱
정하지 마세요, 주인님.' 주인은 흐뭇한 미소를 띱니다.

하지만 뛰놀던 강아지가 마침내 일을 내고야 맙니다. 강아지가 식탁
보를 잡아끌어 식탁 위의 시리얼이 그만 쏟아지고 맙니다. 강아지는
놀라고, 이것을 본 볼리는 "걱정하지 마, 내가 청소해 줄게." 하며 로봇
청소기를 부릅니다. 로봇청소기가 거실을 돌아다니며 떨어진 시리얼
을 전부 청소합니다. 강아지는 멋쩍었는지 자기 보금자리로 돌아갑니
다. 볼리는 "강아지야, 피곤하구나. 내가 낮잠 잘 수 있도록 해줄게."
하며, 거실 블라인드를 내려주고, TV를 끕니다. 그러고는 "나도 네 옆
으로 갈게." 하며 또르르 굴러 강아지에게로 갑니다.

'볼리'는 한마디로 사물인터넷과 인공지능, 그리고 로봇의 융합 작
품입니다. 세계 최초의 다목적의 움직이는 로봇(MMM, Multi-purpose
Mobile Machine) 모델입니다. 현재의 모든 로봇기기, 스마트폰 등은 디바

이스의 기능을 활용해서, 사용자가 설정을 해줘야 합니다. 하지만 영상 속의 볼리는 사용자가 직접 설정하지 않고도, 사용자 디바이스에서 수집된 데이터를 분석해 인공지능이 작동시킵니다. 이것은 차세대 스마트홈이 어떻게 변모하게 될지를 보여주는 예라고 할 수 있습니다.

🤖 4차 산업혁명 시대와 직업

시대에 따라 선호되는 직업은 계속 달라지고 있습니다. 1960년대는 택시 운전사, 자동차 엔지니어, 다방 DJ, 은행원 등이 선호되는 직업이었습니다. 1980년대는 증권·금융인, 반도체 엔지니어, 야구선수, 탤런트 등이 주목받았습니다. 1990년대는 프로그래머, 벤처기업가, 웹마스터, 펀드 매니저 등이 인기 직업으로 등장했지요. 2000년대 들어서 공인회계사, 커플매니저, 사회복지사, IT 컨설턴트 등이 인기 직업이었습니다. 프로게이머가 등장한 것도 이 시기입니다. 이처럼 인기 직업, 유망 직종은 시대별로 달라지고 있습니다. 시대에 따라 사라지는 직업도 있고 새로운 직업도 등장합니다.

사라질 직업들

4차 산업혁명 시대에 사라지는 직업 1위는 무엇일까요? 영국 옥스퍼드 대학교 마이클 오스본 교수는 700여 개의 직업을 분석하여 향후 20년 안에 사라질 직업이 무엇인지를 '고용의 미래'에 관한 논문에 발표했습니다. 여기서 오스본 교수는 교사, 의료, 학자, 법조인, 공무원, 디자이너, 회사원, 요리제빵사, 연예인, 예술가, 신문기자, 우주비행사, 군인, 회계사, 변호사, 운전기사, 교사 등을 꼽았습니다. 특히 의사, 변호사, 판사, 회계사, 약사, 요리사, 교사가 사라질 거라는 예상은 다소 충격이 아닐 수 없습니다. 20년 안에 없어질 가능성이 높은 직업 1위는 '텔레마케터'였는데요, KT와 SKT를 비롯한 많은 회사에서 교환원 또는 상담원 대신에 AI 챗봇을 사용해 소비자의 문의를 해결하고 있는 것을 보면 이미 현실이 되었다고 할 수 있습니다.

그리고 안드레스 오펜하이머의 《2030 미래 일자리 보고서》를 보면 '로봇과 인공지능이 인간을 대신해 일하는 세상에서 무슨 일을 하며 살 것인가?'에 관해 상세히 소개하고 있습니다. 사라지기 쉬운 직업으로 텔레마케터, 보험판매자, 회계사무원, 도서관 사서 등을 꼽았습니다. 이런 직업들은 모두 더 많은 데이터를 축적하고, 빠르게 처리하는 컴퓨터 프로그램으로 대체될 수 있기 때문입니다. 또 향후 약 10년 사이에 인공지능으로 쉽게 대체될 수 있는 직업으로 일상적인 업무 비중이 큰 행정 직원, 은행대출 담당자와 보험회사 직원을 꼽았습니다. 스포츠 심판도 포함되었는데요, 인간이 하는 판정보다 훨씬 더 정확하게 판단을 내릴 수 있는 드론과 비디오 판독 시스템으로 대체될 것이기 때문입니다.

아마존의 알렉사(Alexa), 애플의 시리(Siri), 구글의 구글 어시스턴트 등 인공지능 가상 비서의 등장으로 상담원이 대체 되었듯이, 전자상

거래 챗봇 로봇이나 휴머노이드 로봇이 매장 영업직원을 대신할 것입니다. 부동산 중개업자 역시 매물로 나온 집을 가상현실로 둘러볼 수 있게 해주는 웹이나 앱으로 대체되고 있습니다.

요즘 실용화되고 있는 서빙 로봇에 관해 오스본 교수는 이렇게 말했습니다. "레스토랑 웨이터는 친절하게 서비스 응대를 하는 직업으로, 이는 로봇이 할 수 없는 일이라고 생각했습니다. 하지만, 고객 응대의 일은 쉽게 자동화할 수 있는 일상적인 일이었습니다. 로봇 종업원이야말로 인간 종업원과 달리 언제나 웃으며 손님을 맞고, 쉬는 시간도 필요 없으며, 심지어 임금 인상도 요구하지 않으니까요."

이제는 식당에서 쉽게 볼 수 있는 서빙 로봇

현재, 그리고 미래의 유망 직업들

오늘날의 기술은 점점 더 빠른 속도로 발전하고 있습니다. 컴퓨터 공학, 로봇공학, 생명공학 등의 발전으로 로봇과 인공지능의 잠재적 능력은 실로 우리가 상상한 그 이상입니다. 그렇다면 우리 인간은 앞으로 어떤 일을 하며 살아야 할까요? 우리는 로봇과 인공지능에 일자리를 잃을 것을 걱정하며 살아야 할까요?

19세기 초 산업혁명 시절, 영국에선 방직기 보급으로 수많은 제조 직공이 일자리를 잃게 되자 노동자들은 러다이트 운동(기계 파괴 운동)을 일으켰습니다. 이유는 기계가 사람의 일자리를 빼앗아 간다고 생각했기 때문입니다. 하지만 각종 기계의 보급으로 산업화 속도가 빨라지면서 과거에 없던 새로운 일거리가 대폭 창출됐고, 결과적으로 일자리

19세기 초에는 노동자들이 일자리가 없어지는 것을 막기 위해 방직기계를 부수는 러다이트 운동(1811~1812)을 벌이기도 했다.

를 잃을까 두려워한 노동자들은 새로 생긴 직업으로 일할 수 있었습니다. 그 결과 1875년부터 100년간 영국 근로자들의 실질소득은 1875년 이전에 비해 3배가량 뛰었다고 합니다.

과거 역사를 돌아볼 때 1차, 2차, 3차, 4차 산업혁명이 진행됨에 따라 우리는 농업, 제조업, 서비스업, 그리고 플랫폼 서비스업 시대로 변화하며 살고 있습니다. 역사적으로 일자리는 바뀔 뿐 사라지지는 않았습니다. 대신, 과거에는 생각할 수 없던 새로운 일거리, 새로운 직함들이 늘어났습니다. 예를 들면 1920년대 성업했던 '북청물장수'라는 직업은 사라지고 현대의 물 비즈니스가 시작되었습니다. 정수기 매매, 임대, 청소 대행, 중고 판매, 부품 판매, 첨가제, AS 센터, 상담원, 판매 대행 등 과거에 없던 많은 직업이 생겨났지요.

그렇다면 과학기술의 발전과 함께 변화하는 직업 세계에서 현재 유망 직업으로는 어떤 것들이 있을까요? 과학기술정보통신부 보고서에 따르면 현재의 유망 직업들은 앱 개발자, 드론 조종사, 소셜미디어 관리자, 유튜브 콘텐츠 창작자, 빅데이터 분석가 등이 있습니다. 모두 스마트폰과 관계가 있는 직업들로, 2010년 갤럭시 S1이 출시되기 전에는 들어본 적도 상상해 본 적도 없는 직업들입니다.

앞으로 여러분의 미래에 등장할 신종 직업에는 어떤 것이 있을까요? 과학기술정보통신부 보고서, 〈10년 후 대한민국 미래 일자리의 길을 찾다〉에 따르면 로봇 엔지니어, 기후변화 전문가, 우주여행 가이드, 요리사 농부, 홀로그램 전시기획가, 아바타 개발자, 로봇 심리학

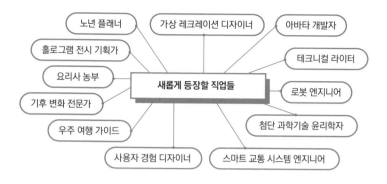

노년 플래너
가상 레크레이션 디자이너
아바타 개발자
홀로그램 전시 기획가
테크니컬 라이터
요리사 농부
새롭게 등장할 직업들
로봇 엔지니어
기후 변화 전문가
첨단 과학기술 윤리학자
우주 여행 가이드
사용자 경험 디자이너
스마트 교통 시스템 엔지니어

자, 디지털 지휘자 등이 유망 직업으로 소개되고 있습니다.

🤖 미래의 인재는 무엇을 준비해야 할까?

2013년 영국 옥스퍼드 대학교 산하의 연구기관 옥스퍼드 마틴스쿨 교수진은 10~20년 내 미국 일자리의 약 47%가 앞으로 사라질 가능성이 높다고 예상했습니다. 10년이 지난 오늘날 이것은 현실화되고 있습니다. 세계경제포럼(WEF, World Economy Forum) 보고서에서는 "현재 초등학생이 갖게 될 일자리의 65%가 현재 존재하지 않는 전혀 새로운 일자리가 될 것이다"라고 언급하기도 했습니다. 리눅스 재단이사였던 김명준 박사는 "금융, 석유 물류산업과 같이 소프트웨어와 잘 융합하는 사업이 살아남는다"라고 하였고, 미래학자인 토머스 프레이는 "앞으로 수년 후인 2030년 대학교 절반가량이 문을 닫을 것이다"라고 예언했습니다. 구글 CEO인 순다르 피차이는 "인공지능은 사람의 일자리를 뺏기보다는 업무를 도와주는 방식으로 진화할 것이다"라고 말하며 두려움보다는 희망을 가질 필요가 있음을 강조했습니다.

지금까지 4차 산업혁명의 대표적인 기술인 사물인터넷, 가상현실과 증강현실, 인공지능, 로봇을 간략히 소개했습니다. 그리고 머지않은 미래에 사라질 직업과 새롭게 등장할 직업에 관해서도 잠깐 살펴보았습니다. 여러분도 4차 산업혁명이 바꿀 미래 생활 모습을 상상해 보았나요?

사실 첨단의 미래 기술들은 이 글에서 소개한 것보다 더 많습니다. 세상은 이미 멈추지 않는 파도처럼 4차 산업혁명의 기술로 빠르게 변하고 있고, 우리는 알게 모르게 이미 적응하며 살고 있습니다. 일부에서는 이런 기술의 발달로 인해 인공지능과 로봇이 우리 인간을 지배할 수 있다는 등의 부정적인 예측을 하기도 합니다. 하지만 인공지능이 인간의 창의력과 비판적 사고, 감성을 모두 대체할 수는 없을 것입니다. 중요한 것은 미래를 향한 여러분의 '상상력'과 세상에 대한 '호기심', 그리고 실현되지 못한 것에 대한 '도전'입니다.

첨단과학이 등장하면서 사용자의 편리성이 높아지고 있습니다. 복잡한 알고리즘을 외우지 않아도, 코딩을 짜지 않아도 되고, 이제는 컴퓨터와 대화도 가능합니다. 과학기술, 공학기술의 발달로 미래에 많은 직업이 사라질 것이라고 불안해할 것이 아니라 더 적극적으로 과학과 공학에 관심을 가지고 미래를 꿈꾸는 건 어떨까요? 과학과 친해지는 연습을 해보는 것도 좋은 방법입니다.

여러분의 선택과 노력에 따라 4차 산업혁명의 유익한 기술들은 여러분의 미래를 지금의 우려와는 전혀 다른 세상으로 만들 수 있을 것이라 생각합니다. 우리 주위의 소외된 계층과 함께하는 과학, 생태계와 지구 전체에 닥친 기후 위기를 헤쳐 나갈 과학기술, 인공지능 기계와의 협업 등 멋진 세상이 여러분 앞에 펼쳐질 날을 상상해 봅니다. 여러분의 미래는 그냥 오는 것이 아니라, 여러분이 만드는 것임을 잊지 않기로 해요!

김혜영

KAIST에서 신소재공학 전공 학·석사학위를 취득했습니다. KAIST 홍보이사, KAIST 입학사정관, ㈜엠지텍 부사장, 한국열린사이버대학교 외래교수, 용인시산업진흥원 창업지원센터장, 네오엔터디엑스㈜ CCO를 비롯한 다수의 벤처기업에서 임원으로 일했습니다. 현재 시니어벤처협회 부회장, 중소벤처기업부와 과학기술정보통신부 멘토 및 심사위원, 법무부 교정위원, 경기도 정보화위원회 위원으로 있으며, 2023년 창업 멘토 분야 대한민국 '여성 1호'로 선정되었습니다. 4차 산업혁명 강연자, 부모 및 자녀 교육 전략가, 진로 전문가, 창업 멘토 등 폭넓은 주제로 다양한 영역에서 활발히 활동하고 있습니다.

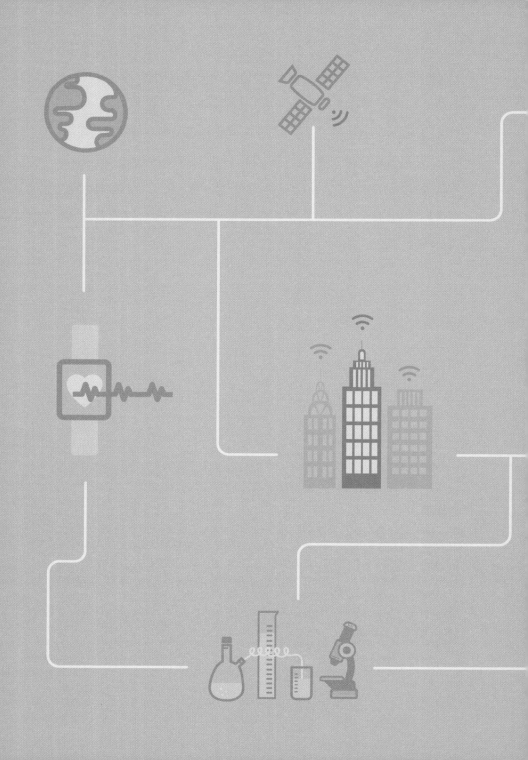

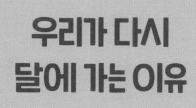

우리가 다시
달에 가는 이유

강성주

과학에 관심이 많은 여러분을 진심으로 환영합니다. 과학에는 참

많은 분야가 있죠. 그중에서 가장 많은 분이 좋아하는 과학 분야

는 천문학이 아닐까 생각해요. 그래서 여러분께 밤하늘에서 가

장 빛나는 천체인 달에 관한 이야기를 해보려고 합니다. 왜 달은

밤하늘에서 가장 빛날까요? 비행기가 매우 빠른 속도로 발전하

면서, 인류는 하늘을 정복하게 되었죠. 그리고 더 나아가 큰 꿈을

꾸게 됩니다. 바로 우주로 나아가는 것이죠. 그렇다면 인류는 어

떻게 우주로 나아가게 되었을까요? 어떻게 달에 가게 되었을까

요? 그리고 인류는 한동안 잊혔던 달에 왜 다시 가려고 하는지,

그 재미있는 이야기를 시작하겠습니다.

🚀 밤하늘 가장 빛나는 달을 향한 꿈

모두 아시다시피 달은 우리가 살고 있는 지구에서 그 어떤 천체보다 가까이 있습니다. 그리고 상대적으로 크기도 큰 편이에요. 그래서 태양으로 오는 빛을 반사해서 빛나는 달은, 밤하늘에서 그 어떤 천체보다도 밝고 크게 빛납니다. 심지어는 너무 밝아서 근처에 있는 다른 천체가 잘 안 보일 정도입니다. 그래서일까요? 오래전부터 우리 인류는 각기 다른 지역에서 낮에 떠 있는 태양과, 밤하늘에 떠 있는 달을 보며 여러 가지 신화도 만들었죠.

밤하늘에 떠 있는 천체는 인류에게는 오랫동안 동경의 대상이었습니다. 1903년, 미국의 라이트 형제가 처음으로 동력 비행기를 발명하

밤하늘에 그 어떤 천체보다도 밝고 크게 빛나는 달

인류 최초로 동력 비행에 성공한 미국의 라이트 형제(©public domain)

기 시작하면서, 인류는 처음으로 스스로 만들어낸 힘을 이용해 하늘을 날게 되었습니다. 이후 매우 빠른 속도로 과학기술이 발전하면서 하늘도 정복하게 되었죠. 그리고 더 나아가 큰 꿈을 꿉니다. 바로 우주로 나아가는 것이죠!

🚀 우주로 나아가기 위한 전쟁

1945년, 제2차 세계대전은 연합군의 승리로 끝나가는 분위기였습니다. 패전이 짙던 독일은 이미 항복을 한 상태였고, 일본만이 항복하지 않고 끝까지 저항하던 상황이었지요. 그래서 미국의 트루먼 대통령은 일본에 그동안 비밀리에 개발해 오던 원자폭탄을 투하하기로 결정했습니다. 그리고 1945년 8월 6일, 일본의 히로시마에 원자폭탄 '리틀보이'가 투하되고, 3일 후인 8월 9일 나가사키에 또 다른 원자폭탄인 '팻맨'이 투하되었습니다. 상상 이상의 엄청나게 큰 피해를 입은 일본은 즉각 항복했고, 제2차 세계대전은 연합군의 승리로 막을 내리게 되었습니다. 이 상황을 지켜본 소련은 원자폭탄의 위력에 매우 놀랐습니다. 미국과 함께 전쟁 후 세계를 양분할 것으로 예상하고 있던 소련으로서는 원자폭탄의 놀라운 위력에 위협도 동시에 느꼈습니다. 그래서 핵무기 개발을 서둘러서 미국을 앞서야겠다고 계획하고 있었죠.

한편, 제2차 세계대전이 끝날 무렵 독일도 연합군에게 엄청난 저항을 하고 있었습니다. V-2 로켓을 개발하여 무려 1,300여 기가 넘는 미사일을 영국에 투하했습니다. 직접 전투기가 와서 공격하는 것이 아니라 하늘에서 갑자기 미사일이 떨어진다는 것은, 폭격당한 영국뿐 아니라 서방의 여러 국가에는 큰 위협이 되었습니다. 전쟁이 끝난 후,

독일의 V-2 로켓(왼쪽)과 폭격으로 피해를 입은 영국의 모습(오른쪽)(©public domain)

미국은 V-2 로켓 개발을 주도한 독일의 베르너 폰 브라운 박사를 비롯해 여러 기술자를 미국으로 망명시키고, 남아 있던 다수의 로켓도 확보합니다. 후에 이 V-2 로켓은 미국 우주 기술의 기반이 되기도 하고, 베르너 폰 브라운 박사는 미국 우주 개발을 이끄는 선두 주자의 역할을 하기도 합니다.

이렇게 전쟁이 끝난 후, 미국과 소련이 두 진영으로 양분되며 일명 냉전 시대로 진입합니다. 미국을 중심으로 하는 자유주의의 서방 진영과 소련을 중심으로 하는 동유럽 국가들의 공산주의 진영으로 전 세계가 나눠지게 된 것입니다. 이 틈바구니에서 우리나라도 북한과 남한으로 갈라지는 안타까운 운명을 맞습니다. 그리고 미국과 소련은 두 진영을 대표하는 국가로 서로의 국방력을 과시하며 상대방 진영을 견제하기 시작했습니다.

이렇게 냉전 시대가 진행되던 1957년 10월, 소련이 깜짝 놀랄만한 소식을 전 세계에 전합니다. 인류 최초로 인공위성을 우주로 쏘아 올리는 데 성공한 것이죠. 오늘날의 많은 인공위성과는 달리 스푸트니크 1호라고 명명된 인류 최초의 인공위성은 특별한 기능이 있는 것은 아니었습니다. 단지 삐- 삐- 하는 신호음을 발생하기만 했습니다. 하지만 소련이 인공위성을 궤도에 올려놓았다는 사실만으로도 전 세계는 매우 놀랐습니다. 특히 미국은 큰 충격에 빠지게 되었죠. 미국이 받은 이 큰 충격을 우리는 '스푸트니크 쇼크'라고 부릅니다. 왜 미국인들은 충격에 빠졌을까요?

세계 최초로 우주 공간에 쏘아 올린
인공위성 스푸트니크 1호 모형
(©Wikimedia Commons)

🚀 냉전 시대, 소련의 최초 그리고 최초

앞서 말했듯, 미국이 일본에 핵폭탄을 투하하면서 전쟁이 끝났습니다. 소련을 비롯한 전 세계의 국가들도 매우 놀랐지만, 당사국인 미국도 투하한 핵폭탄의 위력에 많이 놀랐습니다. 하지만 이러한 핵폭탄은 직접 비행기로 운반해 현지에 투하해야 하는 단점이 있었습니다. 영국이 전쟁 막바지에 V-2 로켓에 큰 피해를 당한 이유는 예측할 수 없이 먼 거리에서 날아오는 미사일 때문이었습니다. 당시에는 이런 로켓을 방어할 기술이 없었습니다. 그래서 핵폭탄을 이러한 로켓에 실어 발사한다면 상대방 입장에는 커다란 위협이 될 수밖에 없었죠.

우리가 흔히 로켓이라고 말하는 것은 크게 두 가지로 나뉩니다. 하나는 우주 발사체이고, 다른 하나는 미사일입니다. 로켓의 가장 윗부분에 인공위성을 싣느냐, 아니면 폭탄을 싣느냐에 따라 우주 발사체냐 미사일이냐 결정됩니다. 하지만 둘 다 로켓이죠. 바로 이 부분이 핵심입니다. 우주 발사체를 쏠 수 있는 기술을 가졌다는 것은 소련이 직접 미국 영토로 들어가지 않고도 공격할 수 있는 기술을 가졌다는 이야기예요. 우리는 이런 미사일을 대륙 간 탄도 미사일, 영어로는 여러분도 많이 들어보았을 ICBM이라고 합니다. 이렇게 미국에는 아직 없는 우주 발사체 기술을 소련이 가졌다는 것은 미국으로서는 정말 큰 위협이었습니다.

그러니 미국도 가만히 있을 수만은 없었겠죠. 소련이 스푸트니크 1호 발사에 성공한 지 얼마 되지 않아 뱅가드라는 우주선을 쏘아 올립니

달 탐사 계획 아르테미스 미션에 사용된 발사체(왼쪽)와 애로우 탄도 미사일(오른쪽). 우주 발사체와 미사일의 차이는 가장 윗부분에 인공위성을 싣느냐, 아니면 폭탄을 싣느냐에 따라 결정된다.(©public domain)

다. 하지만 완벽하게 준비가 되지 않은 상태에서 보여주기 과시용으로 발사한 거라 올라가지도 못하고 폭발했습니다. 오히려 안 하는 것만 못한 상황이 되어버렸답니다. 그 사이 소련은 스푸트니크 2호 발사에 성공합니다. 심지어 스푸트니크 2호에는 '라이카'라는 강아지가 실려 있었습니다. 소련이 우주로 사람을 보내기 전에 우주 공간에서 생명체가 어떠한 영향을 받는지를 알아보기 위해서였죠.

미국은 초조해지기 시작했고, 철저한 준비 끝에 1958년 드디어 미국 최초의 인공위성인 익스플로러 1호를 발사하는 데 성공합니다. 하지만 이미 최초의 인공위성 발사 성공의 타이틀은 소련에 넘어간 상태였지요. 이를 극복하기 위해 미국은 머큐리 프로젝트를 준비하고 있었습니다. 세계 최초로 인류를 우주에 보내기 위한 준비였죠. 그리고 1961년 5월 5일 미국의 앨런 셰퍼드를 우주로 보내기 위한 준비를 착실히 진행했습니다. 하지만 소련은 이에 앞서 1961년 4월 유리 가가린을 우주로 보내 무사 귀환시키는 데 성공합니다. 이로써 소련은 다시 한번 인류를 우주에 보낸 최초의 국가라는 타이틀을 얻게 되었습니다. 당시 미국의 국회의원은 가가린이 최초의 우주인이 되었다는 소식을 듣고 "비행기를 타고 대서양을 최초로 횡단한 찰스 린드버그의 이름은 모두가 알고 있다. 하지만 대서양을 두 번째로 건넌 사람의 이름을 누가 기억하는가?"라며 화를 냈다는 이야기도 있습니다. 그뿐 아니라 최초의 여성 우주인, 최초의 우주 유영 등 다양한 부분에서 소련은 모두 최초의 타이틀을 가져갔습니다.

🚀 이제는 달로 가야만 한다 - 아폴로 프로그램의 시작

1960년대 중반까지만 하더라도, 미국의 우주 산업 기술은 소련보다 한 수 아래로 평가받고 있었습니다. 인류 최초의 우주인 유리 가가린은 무려 두 시간 가까이 지구 궤도를 도는 궤도 비행을 했지만, 약 한 달 후 올라간 미국 최초의 우주인이었던 앨런 셰퍼드는 고작 10여 분간의 탄도 비행, 즉 우주에 올라갔다 그대로 내려오는 비행에 그쳤기 때문입니다. 미국이 유인 우주인을 태우고 처음 지구 상공을 도는 궤도 비행에 성공한 것은 그로부터 약 1년이 지난 1962년 존 글렌이었습니다. 이미 소련의 스푸트니크 1호가 80kg에 육박하는 것에 비해 미국이 처음으로 쏘아 올린 인공위성 '익스플로러 1호'는 채 20kg도 되지 않았습니다. 하지만 며칠 뒤 소련은 이를 비웃듯이 1t이 넘는 인공위성을 쏘아 올리는 데 성공합니다. 이처럼 미국은 일명 '스푸트니크 쇼크'에서 벗어나지를 못하고 있었습니다. 이를 극복하기 위해, 이제는 전 세계 우주 탐사의 대표 아이콘이라고 할 수 있는 미국항공우주국, 즉 NASA가 설립되었습니다. 그리고 우주 탐사의 방향이 어떻게든 성과를 보여줄 수 있는 방향으로 전환되기 시작합니다.

이때부터 미국은 소련을 앞지를 수 있는 목표를 세우기 시작합니다. 바로 달에 인류를 보내는 것이죠. 1962년 미국의 존 F. 케네디 대통령은 텍사스 휴스턴에 있는 라이스 대학교에서 "우리는 달에 가기로 했다(We Choose to go to the Moon)"라고 전 세계에 공식적으로 선포합

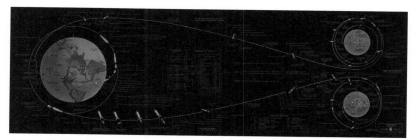

아폴로 미션을 위한 비행 경로와 주요 임무들을 기록한 1967년 그림(©public domain)

니다. 사실 이 당시 미국은 앞서 언급한 유인 우주선의 궤도 비행에
막 성공한 상태였습니다. 달까지 사람을 보내기에는 해결해야 할 기
술, 그리고 확보해야 할 자원과 인력이 어마어마한 상태였죠. 하지만
소련에 위기의식을 느낀 미국은 달에 사람을 보내겠다는 과감한 결정
을 합니다. 그리고 본격적으로 전국에 있는 유능한 엔지니어와 과학
자를 모집하고, 전폭적으로 예산을 투입합니다. 그렇게 탄생한 프로
그램이 바로 NASA 역사상 가장 유명한 프로젝트인 아폴로 프로그램
(Apollo Program)입니다.

그렇다면 당시의 소련은 어땠을까요? 당연히 소련도 케네디 대통령
의 연설을 듣고 대책을 세우기 시작합니다. 소련 내부의 반응은 둘로
나뉘었다고 합니다. 당시 소련의 우주 개발을 이끌던 로켓 공학자 세
르게이 코롤료프는 소련도 당연히 유인 달 탐사에 나서야 한다고 주
장합니다. 하지만 미국과 소련이 근본적으로 달랐던 문제는 바로 경
제력이었어요. 소련의 당시 대통령 역할을 하던 서기장은 경제력이 풍

족하던 미국과는 달리 소련은 한정된 경제력을 가지고 있었기 때문에 그 예산을 무조건 달 탐사에 집중할 수는 없다고 판단했습니다. 그리고 이미 1959년 루나 2호의 달 착륙에 성공하여 최초의 달 착륙선을 보낸 국가라는 타이틀도 가지고 있었기 때문에 가늠할 수 없는 예산이 드는 유인 달 탐사선을 보내는 데 소련은 주저합니다. 그리고 내부적으로 "이제 고작 궤도에 사람을 보낸 미국이 사람을 달로 보내는 게 가능한가? 소련을 따라잡기도 벅찬데 이 계획은 우리를 압박하기 위한 허세다"라고 판단해 미국이 성공하지 못할 것이라는 방심도 한편에 자리 잡고 있었습니다.

이렇게 소련이 유인 달 탐사에 머뭇거리는 사이 미국은 NASA에서 달에 사람을 보내겠다는 이야기를 하자마자 전국 각지에서 정말 많은 사람이 모였습니다. 그리고 정부의 전폭적인 예산 지원을 바탕으로 유인 우주 달 탐사의 목표를 향해 매우 빠르게 달려가기 시작했죠. 아폴로 미션은 약 10년간 당시의 금액으로 무려 254억 달러가 투입되었습니다. 미국 전체 예산의 10%나 됩니다. 이 액수는 당시의 대한민국 GDP 2배에 가까운 금액이고, 현재의 환율로 환산하면 1,720억 달러, 즉 206조 원의 예산이 투입된 엄청난 프로젝트였습니다. 현재 우리나라의 예산 총액이 대략 600조 원이니까, 현재와 비교해도 얼마나 큰 금액인지 알 수 있겠죠?

미국은 달 착륙 미션을 수행하려면 두 가지가 필요했습니다. 먼저 달까지 탐사선을 보내기 위한 거대한 우주 발사체를 개발하는 것이었고, 두 번째는 달 착륙 과정에 필요한 여러 실질적인 비행 기술을 시험하고 익히는 단계가 필요했지요. 앞서 말한 베르너 폰 브라운 박사를 기억하나요? 독일의 V-2 로켓 개발자로 미국으로 망명한 로켓 공학자요. 폰 브라운 박사의 주도로 달까지 탐사선을 보낼 새턴V 로켓을 개발하고, 아직 아무도 가보지 못한 달까지의 우주 비행을 위해서 제미니 계획을 세웠습니다. 미국은 이 제미니 계획을 통해 우주 공간에서의 랑데부와 도킹, 우주 유영, 장기간 우주 체류 등 달 착륙에 필요한 여러 가지 기술에 관한 테스트를 진행했습니다.

이렇게 미국은 막대한 자본과 사전 프로그램을 통해 아폴로 프로그램을 실행할 준비를 마치게 됩니다. 아래 보이는 휘장은 아폴로 프로그램 중 유인 우주인이 탑승한 미션을 나타낸 휘장입니다. 자세히

아폴로 프로그램의 유인 우주선을 의미하는 휘장

보면 아라비아 숫자가 보이죠? 본격적으로 아폴로 프로그램의 목표인 달에 가기 위해서 수행한 임무들이 휘장을 통해 잘 드러나 있습니다.

예를 들어볼까요? 아폴로 7호의 경우 달에 가기 위해 꼭 필요한 사령선과 기계선의 시험 비행을 지구 궤도를 돌며 수행한 임무의 내용이 휘장에 잘 표현되어 있습니다. 그리고 아폴로 8호에는 지구에서 달을 다녀오는 탐사선의 궤적을 숫자 8로 표시한 모습이 보이죠? 처음으로 사령선을 타고 지구에서 달까지 다녀오는 임무를 수행했습니다.

아래 보이는 사진은 처음으로 둥근 지구의 모습을 찍은 사진입니다. 지구 저궤도를 돌고 있는 위성은 이런 둥근 지구의 전체적인 모습

아폴로 8호에서 본 둥근 지구의 모습((©public domain))

을 담을 수 없죠. 지구에서 충분히 멀어진 상태에서만 이렇게 둥근 지구의 모습을 담을 수 있기 때문에 인류가 최초로 담은 둥근 지구의 모습이라고 할 수 있습니다.

다음으로 진행된 아폴로 9호는 본격적으로 달 탐사에 필요한 달 착륙선의 도킹 실험을 처음으로 지구 상공에서 시도했습니다. 그리고 마침내 아폴로 10호는 달에 착륙하기 직전까지의 모든 과정을 전부 리허설해 봅니다. 이렇게 한 단계씩 차근차근 다음 단계로 넘어가면서 마침내 1969년 7월 16일 닐 암스트롱, 버즈 올드린, 마이클 콜린스 이렇게 세 명의 우주인을 아폴로 11호에 태워 보냅니다. 그리고 나흘이 지난 1969년 7월 20일 아폴로 11호의 사령관인 닐 암스트롱이 달에 인류 역사상 첫발을 내딛게 되죠. 미국이 이렇게 달에 유인 우주선을 보내면서 미국과 소련의 우주 경쟁은 결국 미국의 승리로 막을 내리게 됩니다. 사실 인류가 처음 달에 갔던 목적은 그 어떤 과학적인 이유가 아닌, 미국과 소련의 냉전체제에서 각자의 체제와 과학기술을 과시하기 위한 하나의 수단으로만 사용되었던 것이죠.

🚀 다시 주목받는 달

아폴로 프로그램에서 확인한 것처럼, 달에 사람을 보내는 일은 매우 많은 예산이 투입되는 프로젝트입니다. 미국이 아폴로 11호에서 17호까지 무려 24명의 우주인을 달에 보내고, 12명의 우주인을 달에 착륙시킬 수 있었던 이유는, 막대한 예산을 투입할 수 있는 명분이 있었기 때문입니다. 바로 미국과 소련의 냉전 시대에서 소련에 군사적, 과학적 우위를 점하는 것이었습니다. 아폴로 프로그램을 통해 미국은 전 세계에서 가장 우수한 우주 탐사 기술을 가진 국가라는 것을 증명했고, 소련이 막대한 예산이 투입되는 유인 달 탐사를 내부의 경제적 사정으로 포기하면서, 더 이상 달에 유인 탐사선으로 보내는 것이 무의미해졌습니다. 그 사이 소련도 지속적으로 달에 무인 탐사선을 보내고 달 착륙에 여러 번 성공하면서 서방 국가를 비롯한 전 세계에 충분한 우주 탐사 능력을 보여줬습니다. 그랬기에 1976년 소련의 루나 24호의 무인 탐사를 마지막으로 더 이상 달 탐사는 이루어지지 않았습니다. 그렇게 한동안 너무나 많은 방문자를 받았던 달은 조용히 지구를 바라보는 외로운 시간을 오랫동안 보내게 됩니다.

1976년 이후 달에 처음으로 방문한 국가는 미국과 소련에 이어 우주 강국으로 발돋움하고자 했던 일본입니다. 1990년 일본의 히텐 탐사선이 달 궤도 진입에 성공하면서 일본도 달 탐사를 위한 기초 기술을 확보하기 시작했습니다. 지금은 미국에 이어 두 번째로 우주 탐사 능력을 갖추고 있다고 인정받는 중국도 2007년 창어 1호를 시작으로 달 탐사를 시작합니다. 그리고 2008년 인도가 찬드라얀 1호를 발사하면서 달이 다시 한번 각광받는 계기가 됩니다.

인도의 찬드라얀 1호는 달의 극지방에 얼음으로 된 물의 존재를 처음으로 확인합니다. 이때부터 전 세계의 시선은 다시 달로 쏠립니다.

달에 물이 있다는 것, 그것도 생각보다 많은 양의 물이 있는 것은 달에 사람이 거주할 수 있다는 희망을 품게 합니다. 이후 다시 한번 미국과 유럽이 본격적으로 달을 탐사하기 시작하면서 물뿐 아니라 헬륨-3, 희토류, 알루미늄 등과 같은 현대 사회에서 꼭 필요한 자원들이 엄청나게 많이 있다는 것이 밝혀지기 시작했습니다. 인류가 다시 달에 가야 하는 이유가 생기기 시작한 것이죠.

곧바로 미국은 아르테미스 프로그램을 본격적으로 가동하기 시작합니다. 50년 전 아폴로 미션에 이어서 두 번째로 달에 사람을 보내는 것뿐 아니라, 달에 상주 기지를 건설하고, 달 주위를 도는 우주 정거장인 루나 게이트웨이를 건설하여 달을 더 먼 우주로 나가기 위한 전진 기지로 활용하겠다는 야심 찬 계획을 수립합니다. 프로젝트 이름인 '아르테미스'는 그리스·로마 신화에서 태양의 신인 아폴로의 쌍둥이 남매이며, 달의 여신을 의미합니다. 아폴로 프로그램을 통해서 달에 발을 디딘 인류가 모두 백인 남성이었다면, 이번 아르테미스 프로그램은 유색인종과 여성 우주인이 달에 착륙할 예정입니다. 그리고 처음으로 여성 우주인이 달에 가장 먼저 발을 내디딘다는, 아르테미스라는 프로그램 이름에 걸맞은 계획을 세우기도 했습니다.

현재 아르테미스 프로그램은 성공적으로 1단계 임무를 수행했습니다. 아르테미스 프로그램에 사용될 우주 발사체인 SLS와 여기에 실려서 임무를 수행할 사령선과 기계선인 오리온호를 무인으로 발사하면서 임무 수행의 성능을 확인했습니다. 성공적으로 1단계 임무를 마친

NASA는 탐사 로봇으로 달 남극 근처에서 천연 달 자원, 특히 물과 얼음을 탐사할 예정이다.(©public domain)

아르테미스 프로그램은 이제 2024년 우주인을 태우고 달 궤도를 돌고 오는 임무를 수행할 예정입니다. 2025년에는 드디어 50여 년 만에 다시 한번 우주인이 달에 발을 디딜 예정입니다.

🚀 이제는 달의 남극으로, 그리고 대한민국의 도전

2023년 8월 23일 오후 9시 23분 인도의 찬드라얀 3호의 달 착륙선인 비크람 착륙선은 인류 최초로 달의 남극 지역 착륙에 성공했습니다. 이것으로 인도는 미국과 소련, 중국에 이어 달 착륙에 성공한 일명 우주 엘리트 국가 클럽에 가입했습니다. 달 탐사 임무 역사상 달의 남극 지역에 처음으로 착륙하면서 역사를 만들었지요.

인도보다 앞서 달의 남극 착륙을 시도한 러시아의 루나 25호 우주선이 달 남극 지역 착륙에 실패한 지 하루 만에 이루어진 일입니다. 그동안 유인 달 탐사를 포함한 달 방문은 주로 적도 근처 평평한 지역인 흔히 '달의 바다'로 불리는 지역에 한정되어 있었습니다. 2019년 중국의 창어 4호가 달의 뒷면 착륙에 성공하기도 했지만, 달의 남극 지역은 상대적으로 관측 자료가 적어 지표의 상태를 알기 어렵고 운석 구덩이(크레이터)가 많아 지표가 고르지 못해 매우 난이도가 높은 임무였죠. 그런데도 인도는 모든 어려움을 극복하고 달의 남극 착륙에 성공하였고, 탐사를 시작한 지 2주 만에 달에 밤이 오면서 절전 모드에 돌입했습니다. 다시 달이 낮이 되는 2주 후, 착륙선과 탐사선에 교신을 시도했지만 안타깝게도 착륙선과 탐사선 모두 교신에 실패했습니다. 달의 밤은 영하 100℃ 이하로 극한 환경이기 때문에 이런 환경에 노출된 착륙선과 탐사선의 부품이 고장이 났을 가능성이 있기 때문

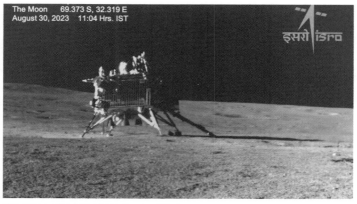

인류 최초로 달의 남극에 착륙한 인도의 달 착륙선
(자료 : https://www.isro.gov.in/chandrayaan3_gallery.html)

이죠. 하지만 인도는 달의 남극 착륙에 성공한 것만으로도 우주 탐사 분야에서 그 잠재력을 한껏 보여주었습니다.

달 남극 탐사는 이제 우주 탐사를 주요 국가 목표로 삼고 있는 국가에는 빠질 수 없는 트렌드가 되었습니다. 그리고 과거 과학적 목적 없이 과시용에서 진행되던 것과 달리 실질적인 자원 채굴과 인류의 상주 기지를 만든다는 목표가 생겼습니다. 따라서 새로운 우주 개발과 관련된 국제 규범의 질서 재정립이 필요한 시점입니다. 미국을 중심으로 하는 일명 아르테미스 연합과 더불어 중국을 중심으로 하는 레드팀의 경쟁으로 서로의 입맛에 맞는 우주 탐사 규범과 질서를 세우려고 하고 있습니다.

달의 남극은 장기적으로 봤을 때 인류의 궁극적 목표인 화성 유인 탐사와도 맞닿아 있습니다. 그 목표를 위해 선행되어야 할 것은 달의 상공에 상주할 수 있는 우주 정거장 건설과 표면에 상주 기지를 건설하는 것입니다. 달은 대기가 없어서 일반적으로 일교차가 3~400℃에 이르기도 합니다. 하지만 달의 남극에 기지를 건설한다면 그 일교차를 10℃ 내외 정도로 줄일 수 있습니다. 풍부한 물 확보를 통해 생명 유지에 필요한 식수와 산소를 얻을 수 있고, 화성까지 왕복에 필요한 연료인 수소를 확보할 수 있는 장점도 있지요. 인류가 처음으로 지구를 벗어나 다른 천체에 상주 기지를 건설할 수 있는 최적의 장소인 셈입니다.

우리나라도 현재 임무를 수행하고 있는 다누리호와 더불어 2032년

까지 대한민국이 개발한 차세대 발사체를 이용해
달 착륙선을 보낸다는 계획을 세
우고 있습니다. 그 목표를 위해
서 당연히 국가에서는 꾸준한
투자와 지원을, 국민은 응원과
성원을 아끼지 말아야 하겠죠.

2022년 8월 5일 발사된 우리나라 달 탐사선
다누리호의 본체 모습(ⓒ과학기술정보통신부)

'최초'라는 타이틀은 많은 사람의 주목을 받고 역사에 자신의 이름
을 남길 수 있는 영광을 부여하기도 합니다. 그래서 인류는 계속해서
다양한 분야에서 '최초'라는 타이틀을 얻기 위해 노력해 왔고, 그 노
력은 인류가 다양한 분야에서 발전을 거듭할 수 있는 원동력이었습니
다. 이 최초라는 타이틀을 위해 과거 인류가 달 탐사에 나섰다면, 이
제는 최초가 아닌 공동의 번영을 위해서 다시 한번 인류는 달에 가려
고 합니다. 우리나라도 일곱 번째로 달 탐사에 성공하고, 아직 달 착
륙에 성공한 국가가 4개국 밖에 없는 만큼, 앞으로 우리나라의 달 탐
사 계획도 여러분이 응원하고, 또 앞으로 직접 달 탐사의 주역이 될
수 있기를 기대합니다.

항성(강성주)

국립과천과학관 연구사이자, 과학 전문 유튜브 채널 '안될과학'의 과학 커뮤니케이터 항성으로 활동
하고 있습니다. 한국천문연구원의 선임연구원으로 별의 생성 과정과 환경에 관한 연구를 했으며, 현
재는 과학의 대중화에 많은 관심을 가지고 있습니다. 천문학에 관한 어려운 이야기를 쉽고 재미있게
대중에게 설명하는 과학 커뮤니케이터로 TV를 비롯한 여러 미디어를 통해 활동하며, 많은 사람이 과
학 관련 이야기를 쉽고 재미있게 할 수 있는 사회를 꿈꾸고 만들기 위해 노력하고 있습니다.

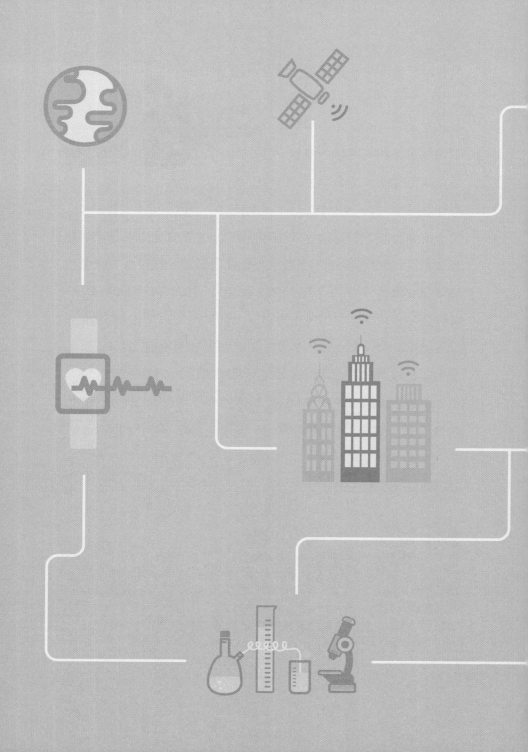

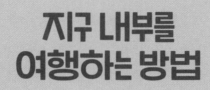

지구 내부를
여행하는 방법

김효임

지구 내부를
여행하는 방법

우리가 살고 있는 지구는 크기가 얼마나 될까요? 지구는 위도에

따라 약간의 차이가 있기는 하지만, 거의 구체에 가까운 모양입

니다. 평균 반지름은 약 6,370km에 달해요. 정말 어마어마하지

않나요? 이렇게 큰 지구의 속에는 어떤 물질들이 있을까요? 지구

속을 알려면 열심히 땅속을 파면 될까요? 그런데 너무 많은 시간

이 걸리고 위험하지는 않을까요? 그래서 과학자들은 더 나은 방

법을 연구하고 있습니다. 지구 내부를 여행하는 방법은 지구에만

한정되지 않아요. 달이나 우주의 다른 행성에서도 그 내부를 탐

험할 수 있거든요. 우주로 가는 데도 지구 내부를 여행하는 게 도

움이 된다니! 자, 우리가 여행해야 하는 거리도 알고 있으니 지금

부터 지구의 내부를 여행하는 방법을 하나씩 소개하겠습니다.

🌊 지질학자는 뭘 연구할까?

여러분이 생각하는 지질학자는 어떤 모습인가요? 자연을 거닐며 땅과 돌을 보며 지구의 오랜 역사를 연구하는 모습을 가장 먼저 떠올리지 않을까 해요. 오래전 이 땅에 살았던 공룡의 흔적을 찾는 모습을 생각할 수도 있고, 거침없이 화산 지대를 누비며 생동하는 지구를 탐구하는 모습을 상상할 수도 있을 거예요.

지질학자 중에는 지구에서 보내는 지진파와 같은 여러 신호를 듣고 분석해서 직접 가볼 수 없는 지구 어딘가에 대한 그림을 그리는 사람들도 있어요. 바다 저 깊은 곳에 있는 암석들을 연구함으로써 지구가 남긴 시간적 기록을 해석하는 연구자들도 있습니다. 또 다양한 첨단 분석 장비를 이용해서 실제 지구 혹은 태양계의 구성 물질들, 그곳에 있으리라 예측되는 물질들의 원자 배열과 같은 미시적 세계를 탐구하는 연구자들도 있어요. 지질학자들은 여러분이 생각한 것보다도 훨씬 다양하고 예측하기 힘든 형태의 연구를 하고 있습니다. 특히 우리가 쉽게 다다르지 못하는 지구의 모습을 보고 이해하기 위한 노력을 많이 하고 있습니다.

지질학자들의 중요한 관심사 중 하나는 '우리가 직접 가볼 수 없는 지구의 내부는 어떤 모습일까?'입니다. 우리가 밟고 서 있는 이 땅 아래가 어떻게 생겼는지, 무슨 물질로 되어 있는지, 지표의 모습과는 어떻게 다른지, 그리고 어떠한 과정을 겪으며 지구가 지금의 모습을 갖추었는지 등 과학적 호기심과 궁금증으로부터 지구 내부 연구가 시작되었습니다.

♨ 지구의 내부를 여행하는 방법이 있다?

지구의 크기는 얼마나 될까요? 지구는 위도에 따라 약간의 차이가 있기는 하지만, 거의 구체에 가까운 모양을 하고 있어요. 평균 반지름은 약 6,370km이고요. 자 그럼, 우리가 여행해야 하는 거리도 알게 되었으니 지구 내부를 여행하는 방법을 하나씩 소개하겠습니다.

반경 6,370km에 달하는 지구 내부를 연구하는 가장 직접적인 방법은 무엇일까요? 맞아요. 직접 파보는 거예요! 우리가 직접 발아래 땅을 뚫고, 그곳에 있는 암석들을 채취하여 관찰하고 분석한다면, 가장 직접적으로 지구의 내부가 무엇으로 구성되어 있는지 알 수 있겠지요. 그렇다면, 인간은 지구 내부의 어디까지 직접적으로 파내려 들어갔을까요? 일단, 자연적으로 만들어진 동굴 중에서 현재까지 알려진 가장 깊은 곳은 조지아 내 자치공화국인 아브카지아(Abkhazia)에 위치한 비로브키나(Veryovkina) 동굴로, 사람이 이 동굴을 탐험해 가장 깊게 도달한 깊이는 약 2,212m입니다.

광물자원을 채취하기 위해 만든 광산들 가운데 세계에서 가장 깊은 곳은 남아프리카의 음포넹(Mponeng) 광산이에요. 사람이 지하 약 4km까지 직접 도달해 작업한 기록이 있습니다. 다만, 이와 같은 깊이

2018년 6월 스페인 동굴 탐험가가 비로브키나 동굴의 깊이 1.4km 침수 통로를 통과하고 있다.(©Wikimedia Commons)

까지 사람이 도달하면 거의 100%에 달하는 습도와 섭씨 약 60℃ 이상의 온도를 견뎌야 합니다. 그래서 이보다 깊은 곳을 직접 사람이 탐험하기는 정말 어려운 일입니다.

사람이 직접 도달하여 암석을 가지고 오지는 못하더라도 시추(drilling)라는 방법으로 지구 깊은 곳의 암석들을 직접 회수할 수도 있어요. 현재까지 드릴을 사용해 가장 깊게 지구 내부로 침투한 깊이는 약 12km로, 러시아의 콜라(Kola) 시추공입니다. 이곳은 과학자들이 순수하게 '지구에서 가장 깊은 곳의 암석을 직접 가져와 보자' 하는 목적으로 뚫은 시추공이에요. 약 20억 년 전 화석의 흔적도 함께 발견했고요. 지금은 봉인되어 있는데 덮개에 12,226m라는 도달 깊이 기록이 새겨져 있습니다.

참고로, 시추를 통해서는 육지뿐 아니라 바다 아래의 지각 물질들도 회수할 수 있어요. 전 세계의 과학자들은 국제공동해양시추 프로젝트(IODP, Integrated Ocean Drilling Program)를 함께하며 해양지각이라 부르는 암석을 획득하여 연구하고 있습니다. 현재까지 이 프로젝트로 회수된 물질 중 가장 깊은 곳에서 가져온 암석은 약 1.3km 깊이입니다. 수심 몇천m를 내려가 해양지각에 도달하고 그곳으로부터 더 깊은 지구의 암석을 가지고 올 수 있었습니다.

현재까지 인간이 직접 회수한 지구 가장 깊은 곳의 암석은 육지에서는 깊이 12km, 해양에서는 깊이 1.3km에서 가져온 것입니다. 지구의 평균 반지름에 비하면 약 0.02~0.2%에 지나지 않는 깊이지요. 그렇기는 해도 깊은 곳에 있는 암석을 회수하기 어려운 이유는 뭘까요? 지구 깊은 곳으로 향할수록 온도와 압력이 증가하여 암석들의 밀도가 매우 높아지기 때문입니다. 높은 밀도의 암석을 뚫고 더 깊은 곳으로 내려가기 위해서는 많은 힘이 필요합니다. 육지에서 12km까지 암석을 그나마 회수할 수 있었던 건 밀도 때문이에요. 우리가 딛고 서 있는 최외곽 층을 '지각'이라고 말합니다. 좀 더 구분해서 육지의 지각은 대륙지각, 해양의 지각은 해양지각이라 하지요. 지구의 가장 바깥층, 즉 대륙지각의 밀도는 약 2.7g/cm³이고 전 지구에 걸쳐 대륙지각의 평균 두께는 35km 정도입니다. 반면, 해양지각의 밀도는 대륙지각보다는 무거워서 약 3.3g/cm³, 평균 두께는 약 6km입니다. 해양지각의 경우 대륙지각에 비하여 밀도가 높아서 시추가 더욱 어렵지요. 배 위에서 바다 깊은 곳을 시추하는 것도 큰 어려움이 따릅니다.

🌊 암석으로 지구 내부의 단서를 찾는다?

지구의 더욱 깊은 곳을 여행하기는 어려운 일이지만, 과학자들은 포기하지 않습니다. 방법을 찾아내지요! 직접 뚫는 것에는 한계가 있으니, 다른 방법이 무엇이 있을까 고민합니다. 그러면서 지질학자들은 드넓은 대자연을 다시 한번 누비기 시작합니다. 지구 곳곳을 다니며 다양한 암석들을 관찰합니다. 그러다가 두 개의 암석을 통해 지구의 내부에 관한 직접적인, 혹은 간접적인 단서들을 획득하게 됩니다.

첫 번째 암석은 오른쪽 사진과 같이 생긴 암석이에요. 아마도 제주에 사는, 혹은 여행해 본 친구들은 사진의 검은색 돌이 매우 친근하게 느껴질 것입니다. 바로 현무암이에요. 그런데 오늘의 주인공은 사진 속 초록색 암석들입니다. 이 암석은 대부분 감

초록색 광물인 감람석은 올리브와 유사한 예쁜 색깔을 띠어 페리도트라고 불리는 보석으로 사랑받는다.

람석(olivine)이라는 광물로 구성되어 있어 감람암(peridotite)으로 분류하죠. 감람석은 올리브와 유사한 예쁜 색깔을 띠어 페리도트(peridot)라고 불리는 보석으로 사랑받고 있습니다. 이 감람암이 검은색 현무암에 둘러싸인 형태로 산출되면 '맨틀 포획암(mantle xenolith)'이라는 이름으로 부릅니다.

'맨틀 포획암'이라는 이 특이한 이름을 한번 살펴볼게요. 맨틀은 지구를 여러 층으로 구분했을 때 지각 바로 아래 위치하는 층을 이르는 말입니다. 깊이로 따져보면, 지각 바로 아래에서부터 약 2,900km 깊이까지의 층입니다. 이 암석에 맨틀이라는 이름이 들어가 있다는 것은, 이 암석이 지각보다 더 깊은 맨틀로부터 왔다는 것을 의미해요. 포획이라는 단어는 맨틀에 있던 이 감람암이 현무암에 포획, 즉 잡혀서 왔다는 뜻이고요.

정리하면, 화산이 되어 분출하는 현무암질 마그마가 맨틀에 있는 감람암을 뜯어내어 함께 지표로 올라왔다는 뜻이 됩니다. 맨틀 포획암이 원래 있던 곳은 발견되는 지역에 따라 조금씩 다르지만, 지표로부터 약 30km에서 100km 정도의 깊이로 추정됩니다. 이 위치를 우리는 상부 맨틀이라고 해요. 인류가 직접 땅속에 있는 암석을 채취했던 12km에 비하면, 맨틀 포획암은 그보다도 깊은 곳으로부터 온 암석이라는 것을 알 수 있습니다.

지질학자들은 이 포획암을 연구함으로써 상부 맨틀의 화학 조성, 구성 광물, 혹은 물리적 성질에 대해 알 수 있게 됩니다. 조금 낭만적

[내핵과 외핵, 맨틀, 지각으로 구성된 지구 구조]

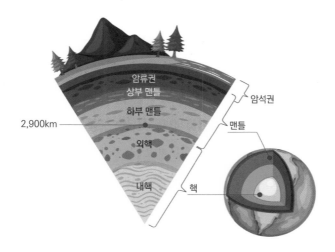

으로 표현하자면 맨틀 포획암은 인류가 직접 닿을 수 없는 곳에 있던, 저 깊은 곳에 있던 암석이 직접 인류를 찾아온 경우라고 할 수 있겠네요. 우리나라에서도 맨틀 포획암을 관찰할 수 있는 곳이 있습니다. 보고된 바에 따르면 현재까지 제주도, 백령도, 철원 등지의 현무암 지역에서 주로 산출됩니다. 제주도에서는 성산읍 신산리 해안가에서, 백령도에서는 진촌리 동쪽 해안가에서 여러분들도 직접 찾아볼 수 있어요. 우리나라에서 산출되는 맨틀 포획암을 연구하면 한반도 하부의 맨틀 물질의 기원과 진화 과정에 관한 중요한 정보를 얻을 수 있습니다. 여러분들도 직접 지표로 찾아온 맨틀 포획암을 만나러 여행을 가보는 것은 어떨까요?

🍰 우주에서 날아온 운석으로 지구 내부에 관해 추리할 수 있다?

　지질학자들은 우주로부터 지구로 찾아온 돌인 운석을 가지고 간접적으로 지구의 내부에 관한 연구를 수행하기도 합니다. 여기서 '간접적으로'라는 단어가 중요합니다. 운석은 지구 자체의 물질이 아니기 때문에 이 단서를 붙일 수밖에 없습니다. 그런데도 우리가 운석을 통해서 지구의 내부에 대해서 이해할 수 있는 이유가 있습니다. 지구가 속한 태양계의 모든 물질은 함께 태어나 같은 성장 과정을 겪어왔기 때문입니다.

　46억 년보다 조금 이른 어느 때, 우주의 한구석에서 태양계의 모체가 되는 먼지들이 모이기 시작합니다. 이 먼지들이 점점 뭉쳐지기 시작하면서, 중심에서는 태양이 자리를 잡게 되고, 태양의 근처에는 지구와 화성과 같은 비교적 무거운 암석질의 행성이, 조금 더 멀리에는 목성과 토성과 같은 가벼운 가스질의 행성들이 함께 형성됩니다. 이러한 행성과 함께, 조금은 그 크기가 작은 소행성들도 함께 탄생합니다. 이러한 태양계의 형성 과정을 단일의 별 먼짓덩어리에서 만들어졌다고 하여 성운설(nebular hypothesis)이라고 합니다.

　그렇게 만들어지는 천체 중 어느 정도 크기가 큰 소행성이나 행성들은 충분한 열을 품고 있습니다. 먼지들이 서로 충돌하면서 만들어내는 열, 먼지 중에 포함된 방사성 동위원소가 붕괴하면서 내뿜는 열,

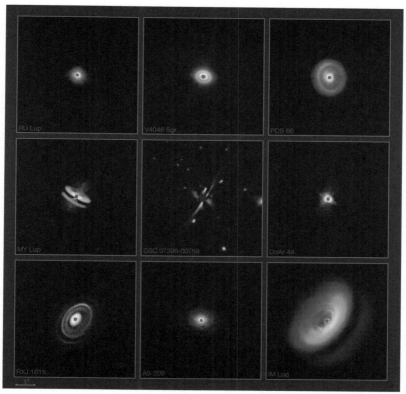

유럽남방천문대의 SPHERE 장비로 관찰한 젊은 별들과 먼지 원반(2018년 4월). 행성 형성 과정에 있는 다양한 모양과 크기, 구조를 볼 수 있다.(©Wikimedia Commons)

그리고 행성이 점차 무게가 더해짐에 따라 존재하게 되는 중력에너지 역시 열원입니다. 이러한 열은 행성 혹은 소행성을 구성하는 물질들이 점차 자신이 위치하기에 적합한 환경을 찾아가는 분화(planetary differentiation)를 유발하는 원인이 됩니다.

분화란 각 물질의 밀도와 같은 고유의 물리적 성질에 의해 무거운 물질은 지하 깊은 곳으로 이동하고, 가벼운 물질은 지표 근방으로 떠오르며 행성의 내부가 층상으로 변화하는 과정을 일컫는 말입니다. 지구를 포함하여 암석의 형태를 보이는 천체들이 가진 원소 중 무거운 것이라 하면, 대표적으로 철과 니켈을 일컫습니다. 반대로, 가벼운 원소에는 산소와 규소 등이 있습니다. 이때, 산소와 규소는 대부분 함께 결합하여 규산염 물질인 암석으로 존재하게 됩니다. 다시 말해 분화의 과정을 지나면, 행성 깊은 곳에는 철과 니켈로 이루어진 금속 물질이, 지표 가까운 곳에는 암석질의 물질이 존재하게 될 것입니다.

시간이 흘러 화성과 목성 사이의 소행성대에 있던 어떤 분화된 천체는 자기가 있던 궤도에서 여러 이유로 벗어나게 됩니다. 목성의 중력이 영향을 주었기 때문일 수도 있고, 소행성들이 받는 태양열이 방출되는 과정에서 밀려나기 때문이었을 수도 있습니다. 이렇게 자기의 궤도를 벗어난 소행성들은 서로 충돌하게 되고, 분화되었던 몸체가 깨어지는 경험을 하게 됩니다. 이 과정에서 깊은 내부가 드러나게 되고요. 깨어진 소행성의 내부는 우주 공간을 다니다가 지구로 들어오게 되면, 별똥별의 모습으로 우리에게 관측됩니다. 그중 너무 커서, 혹은 지구로 들어오는 속도가 너무 빨라서 지표까지 도달하는 것들이 있는데, 이것을 우리는 운석이라고 말하는 것입니다.

지구로 도달한 운석은 구성 물질이 암석인 석질 운석과 금속인 철질 운석으로 나뉩니다. 철질 운석의 내부를 살펴보면 우리가 자연에서 흔히 관찰되지 않는 금속 덩어리의 모습을 지니고 있습니다. 아마도, 제철소에서 만들어내는 금속들이나 되어야 비슷한 단면이지 않을까 싶습니다. 그 정도로 매우 낯선 외양을 가지고 있습니다. 이 철질 운석은 지구의 가장 깊은 곳, 우리가 핵(core)이라 부르는 곳을 구성하는 물질이 철과 니켈로 이루어진 금속일 것이라는 간접적이지만 중요한 증거를 제시합니다. 이처럼 실제로 핵을 구성하는 물질과 가장 유사한 형태의 물질을 관찰할 수 있게 해주는 것은 철질 운석밖에 없습니다.

우리나라에서도 운석이 실제로 떨어지는 것이 목격되고, 운석이 발견이 된 적이 있지요. 2014년 3월, 전국적으로 굉장히 밝은 화구(매우 밝은 유성을 뜻하는 단어, 겉보기 등급이 -4등급보다 밝은 경우)가 관찰이 된 적이 있습니다. 모든 목격에서 화구는 한 방향을 향하고 있었는데, 그 흔적은 이 유성이 우리나라의 남해안을 향하고 있다는 것을 알려주었죠. 이것이 목격이 된 그다음 날부터, 경상남도 진주 지역에서 운석이 발견되었다는 신고들이 들어오기 시작했습니다. 서울대학교 운석연구실과 극지연구소에서는 여러 연구를 통하여 이 돌이 운석이라는 것을 밝혀내었고 현재까지 총 다섯 개의 암석이 바로 이날 지구로 찾아온 운석임이 밝혀졌습니다.

뒷장의 사진은 바로 그날 진주로 떨어진 운석의 파편 일부입니다. 현재는 진주시의 진주 익룡발자국전시관에서 여러분도 우주로부터 먼 길을 찾아온 이 운석을 직접 관찰할 수 있으니, 기회가 된다면 만

진주 익룡발자국전시관에 전시되어 있는 2014년 3월 진주에 떨어진 운석

나러 가는 것도 좋을 것 같네요. 이 진주 운석은 분화를 겪지 않은 모체에서 비롯한 미분화 운석임이 밝혀졌습니다. 분화될 만큼 충분히 열이 많지 않아 태양계 생성 초기의 정보를 그대로 가지고 있지요. 그래서 우리의 태양계가 언제, 어떠한 과정을 통해 지금의 모습을 갖추었는지에 관해 답을 제공합니다.

지구의 내부를 지나온 소리를 들어보자!

지금까지 우리가 직접 손에 쥘 수 있는 형태로 지구의 내부를 보여주는 몇몇 암석에 관해 이야기했습니다. 그러나 우리는 누군가 직접 찾아와주기를 마냥 기다릴 수는 없죠. 보이지 않는다면, 다른 감각을 이용하여 지구 내부를 여행할 수 있을 거예요. 이번에는 청각을 이용한 방법이에요. 바로 지구를 지나온 소리를 듣는 것이죠. 지금, 이 시각에도, 지구 어디에선가는 끊임없이 단단한 암석이 부서지고 미끄러지며, 사라지기도 하고 새로 생성되고 있습니다. 그 과정 중에 발생한 충격은 에너지 형태로 지구 곳곳에 전달됩니다. 우리는 이것을 지진이라고 하죠. 지진은 인류의 생존 측면에서는 아주 무서운 자연재해이지만, 과학적으로 보면 너무나 자연스럽게 일어나는 자연현상이자, 보이지 않는 지구 내부에 관한 정보를 가져다주는 역할을 합니다.

지진은 단단한 물성을 가지고 있는 지각이나 상부 맨틀에 힘이 가해질 때, 더 이상 버틸 수 없는 부분의 암석이 깨어지며 '파동'의 형태로 모여들었던 에너지를 발산합니다. 이때 만들어지는 파동을 지진파(seismic wave)라고 합니다. 지구 내부를 여행한 이 파동이 우리에게 그 소리를 들려주는 것이지요. 중요한 것은 지진파의 속도는 지구의 내부를 여행할 때 내부에 있는 물질의 성질에 따라 바뀐다는 거예요. 지진파의 속도에 큰 영향을 주는 것은 '탄성계수(elastic modulus)'입니다. 탄성계수란 물체에 압력을 줬을 때 부피에 변화가 없이 얼마나 잘 버티는가를 수치로 나타내는 값입니다.

파동이 물체에 도달하는 장면을 상상해 봅시다. 슬라임처럼 외부의 힘을 받는 족족 외형에 변화가 있다고 생각해 볼게요. 이 경우에는 파동이 그다음 물체로 전달되기 매우 힘든 상황이 될 것입니다. 반대로, 파동이 단단한 물체에 도달하면 외형에 변화가 거의 없이 그 옆에 붙어 있는 물체에 전달되기가 매우 쉬울 것입니다. 이렇게 외부의 힘에 의해 외형이 잘 변화하는 물체의 성질을 표현할 때 탄성계수가 낮다고 말하고, 외형이 잘 변하지 않고 저항하는 물질들은 탄성계수가 높다고 일컫습니다. 다시 돌아와서, 지진파의 속도는 탄성계수가 높을수록 증가하게 되겠지요.

자, 그럼 또 하나를 상상해 봅시다. 이번에는 파동이 각각 고체와 액체를 지날 때입니다. 위에 설명했던 내용에 비추어보면, 고체와 액체 중 무엇이 탄성계수가 클까요? 그렇죠! 고체는 액체에 비하여 탄성계수가 매우 크죠. 아무리 외력이 가해져도 고체는 부피의 변화량이 많지 않을 테니까요. 이러한 이유로 지진파는 액체에서는 잘 전달되지 않고, 심지어는 아예 통과할 수 없는 경우도 발생합니다.

지진파는 진동하는 방향에 따라, 전파 양상에 따라 여러 가지로 분류됩니다. 그중 대표적인 두 가지 파를 이야기하면, 하나는 P파(primary wave), 또 다른 하나는 S파(secondary wave)입니다. 이 두 파는 모두 지구 내부를 통과해서 오기 때문에 실체파라고도 부릅니다. 그래서 이 P파와 S파의 속도를 분석하면 닿지 못하는 지구의 중심, 지표로부터 6,370km 떨어진 곳에 무엇이 있는지까지도 예상할 수 있습니다.

지진학자들이 이러한 지진파들을 분석한 결과, 약 2,890km에서 5,100km까지를 통과한 지진파에서 특이한 현상을 관찰할 수 있었습니다. 이 지역에서는 P파의 속도는 거의 반으로 줄어들고, 심지어 S파는 아예 관찰되지 않았죠. 이것을 탄성계수와 관련한 원리에 비추어 살펴보면, 이 위치에서는 탄성계수가 매우 낮은 물질이 존재한다고

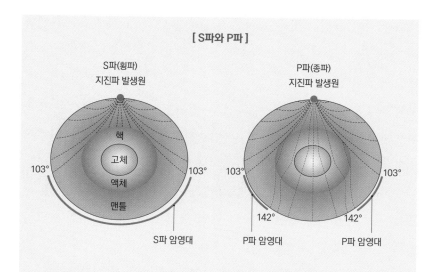

[S파와 P파]

S파(횡파)
지진파 발생원

핵
고체
액체
맨틀

103°   103°

S파 암영대

P파(종파)
지진파 발생원

103°   103°

142°   142°

P파 암영대   P파 암영대

지진파의 패턴은 지구의 맨틀과 핵을 통해 전달되는데 S파는 액체인 외핵을 통과하지 못하고, P파는 핵을 통과하지만 구부러지기 때문에 지진파가 관측되지 않는 암영대가 생긴다.

추론할 수 있겠죠.

특히 S파는 아예 통과하지 못했다면 이곳에는 고체가 아닌 액체의 물질이 존재한다는 결론을 도출할 수 있습니다. 운석을 통해서 지구의 깊은 곳은 금속 물질로 되어 있을 것임을 간접적으로 이해할 수 있었다는 것을 상기하면, 지진파가 통과하지 못하는 이 지역은 철과 니켈과 같은 금속 물질이 액체로 되어 있을 것이라 예상할 수 있습니다.

우리는 이 지역을 외핵이라고 지칭합니다. 5,100km보다 깊은 곳,

즉 외핵보다도 깊은 곳을 지나온 지진파는 다시 그 속도를 회복합니다. 이곳은 금속 물질이 고체 상태로 존재하는 지역, 즉 내핵이라 부르는 곳입니다.

과학의 발전에 따라 지진파가 들려주는 지구 내부의 모습은 더욱 자세해졌습니다. 지금은 약 1% 내외의 지진파 속도 감소, 혹은 증가까지도 감지할 수 있고, 공간적으로 1km보다도 좁은 범위에 존재하는 물질까지도 분해할 수 있습니다. 이렇게 지진파 속도를 통해서 알 수 있는 지구 내부의 모습을 지도와 같이 나타내는 기법을 지진파 단층촬영이라고 합니다. 꼭 우리가 병원에서 컴퓨터 단층촬영을 하는 것처럼 말이죠. 이 단층촬영 결과를 보면, 깊이마다 서로 다른 물질로 되어 있는 지구 내부의 모습뿐 아니라, 지구 깊은 곳에서 올라오는 마그마의 모습, 무거워진 암석이 지구 내부로 가라앉는 모습, 지진으로 인해서 생기는 단층의 형태 등등 자세한 지구 내부의 모습을 볼 수 있습니다.

⚒ 행성의 내부 환경을 구현한다면?

우리는 지금까지 지구의 내부를 여행하기 위해 직접 암석을 보고 만지거나, 지진파가 들려주는 소리를 듣는 방법을 사용했습니다. 오늘 소개할 마지막 여행 방법은 인간만이 가질 수 있는 고유의 능력인 직관과 추론입니다. 지구 내부에 관하여 획득된 정보들을 바탕으로,

현재 우리가 도달할 수 없거나, 보고 듣지 못한 지구 내부의 모습을 실험실 내에서 구현하는 것이죠. 이 구현에는 두 가지의 과학적 탐구 과정이 필요합니다.

첫 번째는 지구 내부에 존재할 만한 물질을 선택하는 것입니다. 지구 내부에 있을 만한 물질에 대한 직관은 맨틀 포획암이나 운석, 시추로부터 얻어진 해양지각 등으로부터 얻습니다. 예를 들면, 맨틀에 있을 만한 물질에 대한 힌트는 맨틀 포획암을 구성하는 감람암으로부터 얻지요. 이 암석은 대부분 마그네슘, 철, 규소 그리고 산소로 구성되어 있습니다. 이 암석이 위치했던 상부의 맨틀은 이와 유사한 화학적 조성을 가지리라는 것을 우리는 쉽게 예측할 수 있습니다. 따라서 맨틀을 구성하는 물질의 성질이나 거동을 연구하기 위해서는 마그네슘-철 규산염 물질을 후보로 선택하게 됩니다. 그렇다면 외핵 혹은 내핵을 이루는 물질의 후보로는 철질 운석으로부터 관찰한 결과를 바탕으로 철, 니켈을 포함한 금속을 연구 대상으로 선택하게 되겠지요.

지구 내부에 있을 만한 물질에 대한 선택을 마쳤다면, 두 번째 과정은 지구 내부 환경을 조성하는 것입니다. 이 환경을 완벽히 구현하기 위해서는 굉장히 다양한 환경적인 요소를 조절해야 합니다만, 그중에서도 가장 먼저 고려해야 하는 요소 두 가지를 뽑자면 온도와 압력일 것입니다. 이 두 가지의 변수는 물질의 성질을 변화시키는 데 결정적인 영향을 미치기 때문이에요. 그렇다면 실험실에서 이 두 환경 요인을 변화시키려면 어떠한 방법이 있을까요? 지구의 경우 가장 깊은 핵에서의 온도는 섭씨 약 6,000℃로 추정되는데, 실험실에서 구현하기 매우 어려운 온도이기는 합니다만, 전기로에서 가열시키는 방법과 더불어 레이저를 좁은 영역에 집속하여 수천 도의 온도를 만들어낼 수 있습니다. 다음으로는 압력을 변화시켜야 해요. 지구 중심의 압력은 대기압에 비하여 약 360만 배 높습니다. 어마어마한 차이죠. 아마도 인간이 환경 변수를 통제할 때 가장 큰 변화를 만들어낼 수 있는 조건이 바로 이 압력일 것입니다.

지구 내부의 높은 압력 환경을 만들어내기 위해서도 여러 실험 장비를 사용할 수 있습니다. 그중의 가장 대표적인 장비는 '다이아몬드 앤빌 셀(DAC, Diamond Anvil Cell)'이라 부르는 장비입니다. 지구상에 존재하는 광물 중 가장 단단한 다이아몬드를 사용합니다. 다이아몬드 끝을 높은 압력을 구현하기 위해 매우 좁게 깎아냅니다. 이렇게 준비한 두 개의 다이아몬드 사이에 지구 내부에 있을 것으로 추정되는 후보 물질을 넣고 양쪽에서 누릅니다. 이 방법으로 2023년 현재까지 지구 중심 압력의 약 두 배인 770만 기압의 압력 환경을 구현했습니다. 참고로, 이 기록을 세운 연구팀이 깎아낸 다이아몬드 끝의 크기는 약 10~20㎛(마이크로미터)입니다.

지구 내부에 있을 만한 물질을 선택하고, 지구 내부의 환경을 조성했다면, 이제 할 일은 그 물질의 성질을 확인하고 우리가 알고 있는 정보들과 맞춰보는 일이 남았습니다. 고온과 고압의 환경에 노출된

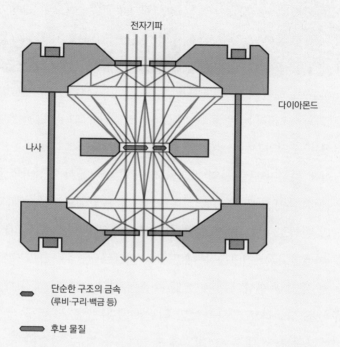

[다이아몬드 앤빌 셀]

전자기파

다이아몬드

나사

단순한 구조의 금속
(루비·구리·백금 등)

후보 물질

수십~수백 마이크로미터로 깎아낸 다이아몬드 사이에 후보 물질(지구 물질)을 넣고 다이아몬드 양쪽의 나사를 조여 다이아몬드가 후보 물질을 누를 수 있도록 만든 실험장치다. 후보 물질 옆에 루비 등의 물질을 두어 가해진 압력이 얼마나 되는지 알 수 있도록 한다. 압력이 가해진 후보 물질에 다양한 전자기파를 조사하여 물질 내부 구조에 관한 정보를 획득한다.(자료 : Tobias1984)

시료에 엑스선이나 적외선 등의 적절한 전자기파를 조사함으로써 우리는 그 물질을 구성하는 원자들의 배열 정보를 얻을 수 있습니다.

그 원자의 배열은 실제 물질에서 발현되는 밀도나 탄성계수 등의 성질을 결정하는 가장 근본적인 요인이 됩니다. 대표적으로 실험실에서 맨틀 포획암에서 주로 관찰되는 광물인 감람석에 지구 내부 약 660km에 해당하는 온도와 압력 조건을 구현한 경우, 브리지마나이트(bridgmanite)라는 광물과 뷔스타이트(wüstite)라는 광물로 변화하는 것이 관찰되었습니다.

실제 지진파 단층촬영 결과 660km의 깊이에서 지진파의 속도가 바뀌는 양상이 확인되는데, 그 바뀌는 정도가 실험실에서 확인된 광물상의 변화로 인한 물성의 차이와 유사함이 밝혀졌고요. 따라서 우리는 이러한 실험 연구를 통해 지구의 하부 맨틀에는 브리지마나이트라는 광물이 존재한다는 것을 알 수 있습니다. 이처럼 직접 보거나 듣지 못하는 경우라도 연구자들의 직관과 추론을 통해 지구 내부 곳곳을 여행하여 지구 내부 모습을 더 자세히 구현할 수 있습니다.

지금까지 여러분께 지질학자들이 우리가 가보지 못한 지구의 내부를 여행하는 다양한 방법을 소개했습니다. 직접 보고 만지는 방법부터, 소리를 듣는 방법, 그리고 그곳에 있을 것으로 추측되는 물질을 연구하는 방법까지. 아마도 이미 알고 있던 방법도 있을 것이고, 처음 접하는 새로운 방법도 있을 것 같습니다. 이 모든 방법은 과학자들의 깊은 숙고로부터 출발합니다. 닿을 수 없다고 포기하지 않고 새로운 방법을 찾아내는 그 모든 순간으로부터 비롯됩니다. 지구는, 그리고 자연은 그 끊임없는 탐구심에 응답합니다. 이 글을 읽는 그 누군가가 지구가 들려주는 다정한 응답을 듣게 될 그 어느 날을 기다리겠습니다.

김효임

경상국립대학교 지질과학과 조교수로, 지구와 행성 물질을 구성하는 광물의 종류와 원자구조를 관찰하는 연구를 하고 있습니다. 암석과 광물에 기록된 지구와 태양계의 옛이야기를 복원하는 데 관심이 많으며, 같은 관심사를 가진 열정 있는 학생들과 함께 즐거운 연구를 수행하고 있습니다.

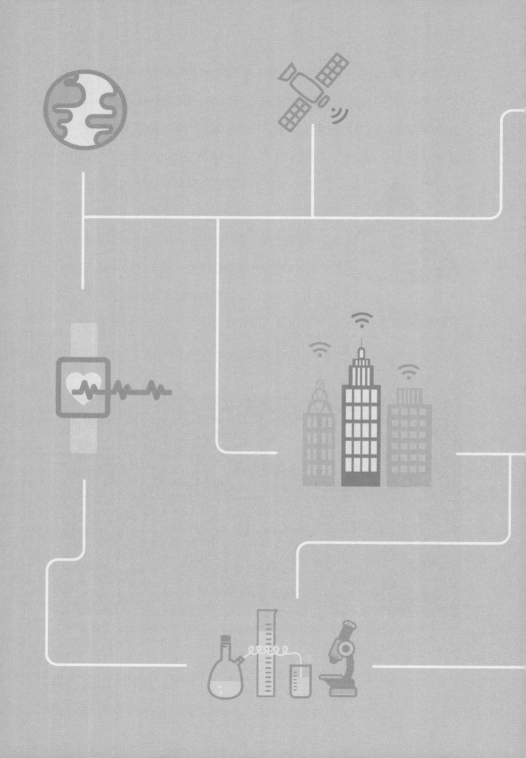

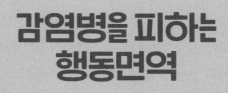

감염병을 피하는
행동면역

구형찬

감염병을 피하는 행동면역

코로나19 대유행은 우리에게 감염병이 얼마나 무서운지 알게 해 주었습니다. 하지만 처음은 아니죠. 코로나 이전에도 감염병은 있었으니까요. 감염병의 위협과 공포에 관한 기록은 로마 시대와 그리스 시대는 물론, 더 이른 시기의 고대 이집트 문명, 심지어 메소포타미아 문명까지도 거슬러 올라갑니다. 전문가들은 앞으로 기후 변화와 생태 조건의 변화에 따라 신종 감염병이 더 많이 자주 발생할 수 있다고 말합니다. 그렇다면 우리는 무엇을 준비해야 할까요?

인류는 오래전부터 면역체계, 즉 신체면역과 행동면역을 통해 감염병에서 자신을 지켜왔습니다. 행동면역은 신체면역보다 한 박자 빠른 예방 시스템입니다. 유기체가 독성물질이나 감염원에 접촉하기 전부터 작동하지요. 이 글에서는 감염병과 면역과 관련해 아직은 전 세계적으로 시작 단계인 행동면역을 소개하겠습니다.

🦠 팬데믹의 경험

　6,807,153명. 2023년 3월 11일의 코로나19 전 세계 누적 사망자 수입니다. 세계보건기구(WHO)가 팬데믹을 선언한 지 3년째 되던 날이었습니다. 정말 많은 사람이 목숨을 잃었습니다. 나라와 집안 살림도 큰 어려움을 겪었습니다. 학교와 직장도 다니기 힘들었죠. 무섭고, 슬프고, 고통스럽고, 불편한 일이 많았습니다. 그나마 백신이 빠르게 공급되면서 상황이 조금씩 나아졌습니다. 하지만 코로나19는 여전히 끝나지 않았습니다. 감염병은 정말 위험합니다.

　사실 감염병 대유행이 코로나19가 처음은 아닙니다. 많은 기록이 남아 있어요. 약 100년 전에는 '인플루엔자'가 유행했는데, 단 몇 년

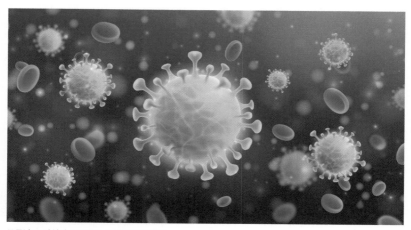

코로나19 바이러스 SARS-CoV-2와 적혈구

콜레라로 사망한 사람들 그림을 실은 1912년 프랑스
〈르 쁘띠 주르날〉 표지

만에 수천만 명이 사망했다고 합니다. 19세기 초에는 아시아를 중심으로 '콜레라'가 발생해 20세기 후반까지 일곱 번이나 다시 유행했습니다. 14세기 유럽의 '흑사병'은 중국과 몽골을 포함해 유라시아 대륙 전체를 강타했죠. 6세기의 '유스티니아누스 역병'은 지중해 주변, 유럽, 서아시아 지역에 널리 퍼졌습니다. 모두 수많은 사람의 목숨을 앗아간 전염성 질병입니다. 이처럼 감염병의 위협과 공포에 대한 기록은 로마 시대와 그리스 시대는 물론, 더 이른 시기의 고대 이집트 문명, 심지어 메소포타미아 문명까지도 거슬러 올라갑니다. 인류는 도대체 언제부터 감염병에 시달린 걸까요?

호모 사피엔스와 감염병

우리는 모두 호모 사피엔스라는 생물종에 속합니다. 화석 증거로 볼 때, 호모 사피엔스는 약 30만 년 전에 아프리카 대륙에서 진화했을 것으로 생각됩니다. 지금은 전 세계에 약 80억 명쯤 살고 있지만, 과거에는 인구가 그리 많지 않았습니다. 기원전 1만 년에는 겨우 400만 명 정도였던 것으로 추정하죠. 현재의 80억 인구 규모에서 79억 9,600만 명은 그 이후로 늘어난 겁니다.

기원전 1만 년경부터 무슨 변화가 있었던 걸까요? 맞습니다. 농사를 짓고 정착생활을 하기 시작했습니다. 사냥과 채집을 하며 이동생활을 하던 인류가 이때부터 일정한 지역에 여럿이 모여 살면서 농사를 짓고 가축을 길들이고 곡물 개량도 하게 되었죠. 자손을 더 많이 낳아 기를 수 있는 조건이 갖추어졌습니다. 이 획기적인 변화를 '신석기 혁명'이라고 부릅니다.

그러나 반전이 있습니다. 자세히 연구해 보면 놀라운 사실이 발견됩니다. 신석기 혁명 이후로도 오랫동안 실제 인구는 크게 늘지 않았습니다. 이상하게도 기원전 5000년쯤의 세계 인구는 약 500만 명에 불과했습니다. 오랜 세월 동안 겨우 100만 명 정도 늘어나는 데 그쳤던 거죠. 왜 그랬을까요? 바로 감염병 탓입니다. 태어나는 사람이 많아지는 만큼 감염병으로 사망하는 사람도 많아졌을 겁니다. 구석기 시대 수렵채집인이 소규모 가족 단위로 이동생활을 할 때는 누군가 병이 들어도 다른 가족을 포함한 많은 사람에게 옮길 가능성이 작습니다. 그러나 농경인 집단의 정착생활은 다릅니다. 여러 사람이 한 지역에 정착해 사는 곳에는 배설물과 쓰레기가 쌓이죠. 쥐, 모기, 파리, 박테리아가 번식하기 좋은 환경입니다. 농지와 거주지 주변의 물길과 웅덩이에도 감염원의 숙주가 될 수 있는 각종 생물이 많이 서식하게 됩니다. 가축화된 동물들은 인간에게 노동력과 영양분을 제공할 뿐 아니라 콜레라, 볼거리, 수두 같은 '인수공통감염병'도 불러오죠. 홍역이나 천연두는 소를 통해, 인플루엔자는 돼지를 통해 퍼질 수 있습니다. 게다가 여러 사람이 모여 사는 생활 방식이 서로에게 좋기만 한 것도 아닙니다. 물론 협력에서 얻는 이득은 커질 수 있지만, 동시에 서로에게 감염병을 옮길 가능성도 커집니다. 한정된 공간의 인구밀도가 증가하면 기초감염재생산지수(basic reproduction number, R0)도 증가합니다. 즉, 감염자 한 사람이 완치되거나 사망할 때까지 옮게 되는 사람의 수도 늘어나게 되죠.

신석기 혁명은 인간이 자손을 많이 낳아 기를 수 있는 수단을 제공했지만, 동시에 감염병이 유행할 수 있는 조건도 제공했습니다. 역설적이지만 신석기 혁명은 인구 증가에 오히려 부정적인 영향을 많이 끼쳤습니다. 실제로, 신석기 혁명 이후로 18세기 초까지 약 1만 1,700년 동안 연간 인구증가율은 겨우 0.04%에 불과했습니다. 18세기 초 전 세계 인구는 6억 명에 그쳤습니다.

그런데 오른쪽 그래프에서도 보이듯 그 후 약 300년 동안 약 74억 명이나 폭발적으로 늘어났습니다. 18세기 이후의 과학 발전, 즉 감염병 예방 백신과 치료법 개발이 시작된 덕분입니다. 나아가 20세기에는 바이러스 연구가 시작되었습니다. 1939년에 전자현미경으로 바이러스의 존재를 확인했고, 1950년대에는 바이러스의 성질을 이해하게 되었습니다. 다윈의 진화론과 유전학이 만난 20세기 중반 이후로는

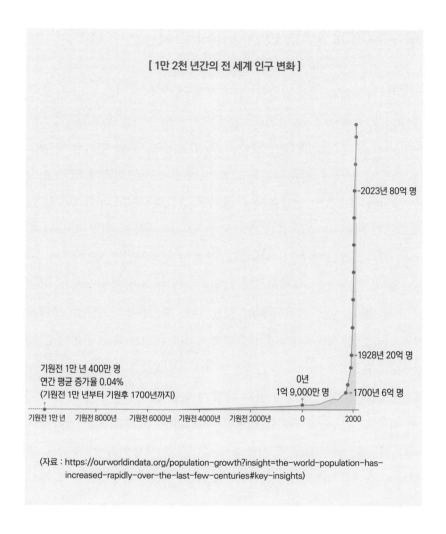

[1만 2천 년간의 전 세계 인구 변화]

2023년 80억 명

1928년 20억 명

기원전 1만 년 400만 명
연간 평균 증가율 0.04%
(기원전 1만 년부터 기원후 1700년까지)

0년
1억 9,000만 명

1700년 6억 명

기원전 1만 년　기원전 8000년　기원전 6000년　기원전 4000년　기원전 2000년　0　2000

(자료 : https://ourworldindata.org/population-growth?insight=the-world-population-has-
increased-rapidly-over-the-last-few-centuries#key-insights)

감염병과 관련한 연구가 과거에 비해 훨씬 더 체계적으로 발전하고
있습니다.

✺ 감염병에 맞서는 면역체계의 진화

　호모 사피엔스가 감염병에 많이 시달린 것은 신석기 혁명에 따른 생태적 환경의 급격한 변화 때문이었습니다. 이 변화에 효과적으로 대응하기 위해서는 과학이 그만큼 더 발전해야 했죠. 하지만 감염병에 맞서는 수단이 전혀 없었던 것은 아닙니다. 자연선택에 의한 진화의 과정이 오랫동안 정교하게 만들어낸 생물학적이고 생태학적인 면역체계가 바로 그것입니다. 면역체계는 많은 생물이 갖고 있습니다. 호모 사피엔스도 예외가 아닙니다. 사실상 체계적인 감염병 예방, 치료, 방역 등은 호모 사피엔스가 자신의 면역체계를 과학적으로 이해하고 활용하는 방식이라고 보아야 합니다. 감염병에 대처하는 과학적 방법의 발전도 호모 사피엔스가 면역체계를 기반으로 일구어낸 놀라운 성과입니다.

　지구에는 수많은 물질이 있고 다양한 생물과 미생물이 살고 있습니다. 서로에게 도움이 되기도 하지만 해를 끼치기도 하죠. 포식자의 먹이가 되지 않는 것만큼, 독성물질을 피하고 기생충이나 아주 작은 병원체에 감염될 위험에서 건강하게 살아남는 것도 생물학적으로 매우 중요한 문제입니다. 신석기 시대보다 훨씬 오래된 과거부터 유기체들이 해결해야 했던 문제죠. 면역체계가 진화하게 된 근원적인 생태적 조건입니다.

　호모 사피엔스에게는 크게 두 가지 면역체계가 진화했습니다. 신체면역(Physical Immune System)과 행동면역(Behavioral Immune System)입니다. 첫째, 신체면역은 독성물질과 감염원으로부터 자신을 보호하는 유기체 내부의 메커니즘입니다. 인류가 등장하기 오래전부터 수억 년 이상 진화해 왔기 때문에, 식물, 곰팡이, 곤충 등도 갖고 있고 당연히 호모 사피엔스에게도 잘 갖춰져 있습니다. 둘째, 행동면역은 생태적 환경의 독성물질과 감염원을 피하는 인지, 감정, 행동의 메커니즘입니다. 두뇌가 발달해야 정교하게 작동할 수 있기 때문에 호모 사피엔스에게서 특히 잘 관찰됩니다. 여기서는 먼저 신체면역체계에 대해 간단히 살펴보고, 최근 연구되고 있는 행동면역체계에 관해 조금 더 주목해 보려고 합니다.

면역체계는 독성물질과 감염원으로부터 자신을 보호한다.

🦠 신체면역체계의 특징

신체면역은 다시 선천 면역(Innate Immune System)과 후천(획득) 면역(Acquired Immune System)으로 나눌 수 있습니다. 선천 면역은 선캄브리아기(Precambrian)부터 진화하기 시작했고, 후천 면역은 고생대(Paleozoic Era) 무렵 척수동물이 나타날 때부터 진화했습니다.

선천 면역은 감염을 막는 일차적인 방어선입니다. 표피층, 피부, 체액, 대식세포, NK세포 등이 중요한 역할을 합니다. 특정한 감염원에 선택적으로 반응하기보다는 외부에서 침입하는 이물질을 최전선에서 막아내거나 파괴하는 기능을 하죠.

후천 면역은 몸에 들어온 감염원을 기억해 선택적으로 작용하는 항체를 생산합니다. T세포와 B세포가 큰 역할을 하는 정교한 메커니즘입니다. T세포는 감염된 세포를 죽이거나 감염원을 제거할 항체를 만들도록 명령합니다. B세포는 항체를 만들고 감염원에 대한 정보를 기억해서 그 감염원이 다시 침입할 때 곧바로 대응하게 합니다.

신체면역은 이처럼 선천 면역과 후천 면역이 연결되어 놀라울 정도로 정교하게 작동하는 시스템입니다. 하지만 신체면역에는 몇 가지 특징적인 단점이 있습니다. 첫째, 감염원이 유기체와 접촉하거나 침입할

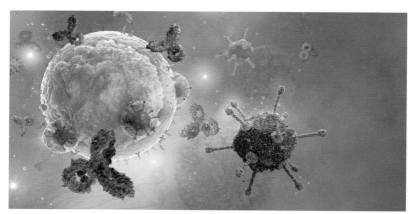

B세포는 항체를 생산하여 박테리아, 바이러스 등의 병원균으로부터 우리 몸을 보호한다.

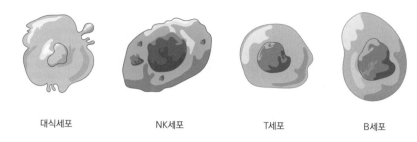

[우리 몸의 면역과 관련된 세포들]

대식세포   NK세포   T세포   B세포

때 비로소 반응하기 때문에 효과가 상대적으로 느리게 나타납니다. 둘째, 고열과 염증반응 같은 힘들고 불쾌한 면역반응을 동반합니다. 예방주사를 맞으면 얼마간 아프고 열이 나기도 하는데, 바로 이 면역반응 때문이죠. 셋째, 신체면역이 너무 예민하게 작동하는 사람의 경우에는 더 심한 부작용이 나타나기도 합니다. 보통 사람에게는 해롭지 않은 것에 과민 반응을 일으키는 알레르기가 생기거나 치명적인 자가면역질환을 앓게 될 수도 있습니다.

행동면역체계의 특징

행동면역은 신체면역보다 한 박자 빠른 예방 시스템입니다. 행동면역은 신체면역과 달리 유기체가 독성물질이나 감염원에 접촉하기 전부터 작동합니다. 인지, 감정, 행동이 같이 움직이죠. 우리는 주변에서 더럽고 냄새나는 대상을 발견하면(인지), 역겨움을 느끼고(감정), 피

하게 됩니다(행동). 이러한 행동면역
은 고도로 발달한 두뇌를 필요
로 해서 신체면역보다 늦은 시
기에 진화했을 것으로 봅니다.

행동면역은 기본적으로 사
물의 형태, 색깔, 냄새, 맛에 민
감하게 반응합니다. 하지만 흥미롭
게도 행동면역은 비슷한 조건만 갖춰지
면 실제로는 전혀 위험하지 않은 상황에서도 똑같이 작용하는 경향
이 있어요. 그래서 '똥' 모양 과자는 장난스럽고 재미난 선물로 주기에
괜찮지만, 로맨틱한 감정을 전달하기에는 좋지 않습니다. 그 모양과
색깔이 너무 진짜 '똥' 같다면 더욱 그렇겠죠. 그 선물을 받은 사람이
행복한 표정을 지으면서 맛있게 먹을 거라고 기대하면 안 될 겁니다.

행동면역은 호모 사피엔스라면 누구나 가지고 있는 보편적인 시스
템입니다. 물론 얼마나 예민한지는 개인마다 다를 수 있습니다. 하지
만 파리와 구더기가 들끓는 배설물이나 토사물을 즐겁게 퍼먹는 '먹
방' 채널에 구독자가 넘친다는 소식을 들어본 적은 없습니다. 뺨에 진
물과 고름이 흐를 정도로 피부병이 심한 사람의 얼굴을 보고 첫눈에
반했다는 사람도 쉽게 만날 수 없죠. 우리는 감염병이 유행하는 상황
에서는 조그마한 단서에도 아주 민감하게 반응할 때가 있습니다. 코
로나19 팬데믹이 심각하던 때, 저는 지하철에서 옆자리에 앉은 사람

이 자꾸만 기침해서 얼른 일어나 다른 칸으로 이동했던 기억이 납니다. 그 사람이 코로나19 환자라는 확실한 증거는 없었지만, 저는 왠지 피하고 싶었습니다.

행동면역은 해롭지 않은 음식을 섭취하거나, 건강한 사람과 친밀한 관계를 맺거나, 위생과 관련된 관습과 규칙을 만들고 유지하는 데 도움이 된다고 합니다. 물론 호모 사피엔스가 사는 환경이 다양한 만큼, 행동면역이 민감하게 작용하는 대상과 방식은 서로 다를 수 있겠죠. 그래서 다양한 생태적 조건에 따라 사람들은 서로 다른 음식 문화와

행동면역은 위생과 관련된 관습과 규칙을 만들고 유지하는 데 도움이 된다.

요리법, 혼인제도, 장례문화 등을 갖고 살아가는 것 같습니다.

행동면역은 보통 때보다 감염병이 유행하는 상황에서 조금 더 활성화됩니다. 이는 방역 정책에도 실질적인 영향을 미칩니다. 마스크를 잘 쓰고 사회적 거리두기를 실천하면서 손을 자주 씻으라는 방역 지침이 많은 사람에게 설득력을 갖게 되는 이유도 마찬가지입니다. 결과적으로 감염병의 확산 속도를 늦추는 긍정적인 효과가 나타납니다.

하지만 이러한 행동면역도 지나치면 좋지 않습니다. 사람마다 다르겠지만, 행동면역이 지나치게 활성화되면 마치 마음의 알레르기나 자가면역질환 같은 부작용이 나타날 수 있습니다. 예를 들면, 방금 비누로 손을 깨끗이 씻고 와서 몇 번이든 계속해서 다시 씻어야 한다는 강박을 느끼는 사람도 있습니다. 또, 감염병 예방 백신을 맞아야 하는데, 몸에 이물질을 주입한다는 생각에 지나친 거부감과 불안감을 느끼게 할 수도 있죠. 나아가 새로 알게 된 사람이 아무리 건강하고 좋은 일을 많이 하는 사람이라고 해도 생김새가 낯설거나 행동이 독특하면 멀리하게 될 수도 있습니다. 외국인이나 사회적 소수자에 편견과 차별도 행동면역체계의 과민성 때문에 더 심해질 수 있습니다. 14세기 유럽에 흑사병이 돌 때 죄 없는 사람들이 억울하게 잡혀 죽었던 일이나, 코로나19가 퍼지기 시작할 때 해외에서 아시아인에 대한 혐오가 많이 일어났던 것도 행동면역의 부작용이 아닐까요?

🦠 감염병에 잘 대응하기 위한 방법

　앞으로도 감염병은 계속될 겁니다. 기후 변화와 생태 조건의 변화에 따라 신종 감염병이 더 많이 자주 발생할 수도 있습니다. 감염병에 잘 대응하는 데 필요한 과학적 지식은 어떤 것일까요?

　감염병의 원인, 기전, 증상, 치료법 등은 일차적으로 의과학적 문제입니다. 그러나 감염병은 동시에 사회적 문제이기도 합니다. 감염병이 전파되는 과정에는 사회 구성원들의 다양한 행동이 요인으로 크게 작용하죠. 보건, 방역, 진단, 격리, 치료 등 감염병에 대한 각종 대응도 모두 사회

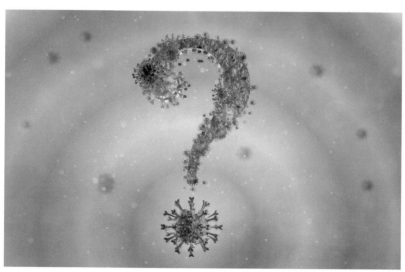

인류는 신종 감염병에 대응할 방법을 찾고 있다.

적 수준에서 결정되고 시행됩니다. 감염병 대유행은 사회의 모든 영역에 큰 영향을 미칩니다. 경제 활동이 위축되고 사회적 비용이 증가합니다. 교육의 질도 변하고 사회적 계층의 격차도 심해지며 사회적 혐오도 강화됩니다. 감염병은 단지 개인이 감당해야 하는 질환도 아니고 순전히 사회적인 현상도 아닙니다. 따라서 감염병에 잘 대응하려면 무척 다양한 영역의 지식이 필요합니다. 한 가지 영역의 지식만으로는 감염병에 효과적으로 대응할 수 없습니다.

먼저 감염원 자체, 즉 어떤 세균이나 바이러스가 일으키는 질병인지, 그리고 그 감염원이 어떻게 번식하는지를 알아야 합니다. 이와 함께 인간의 신체면역체계를 고려할 때 어떤 유형의 백신이 필요한지도 판단해야 합니다. 또한 감염원에 노출된 인체가 어떻게 반응하는지, 감염되었을 때 어떤 병리적 증상이 나타나는지도 파악해야 하고, 감염자를 증상에 따라 어떻게 치료해야 하는지도 알아야 하죠.

방역을 위해서는 좀 더 폭넓은 영역의 지식도 필요합니다. 어떤 경로로 잘 전파되는 질병인지, 나아가 어떤 직업을 가진 사람들이 옮기 쉬운 질병인지, 어떤 부류의 사람들이 많은 피해를 입을지 예측할 수 있어야 합니다. 전국의 의료 자원을 어떻게 배분해서 운영해야 효율적이고 효과적인지도 계산해야 합니다.

그러나 그것으로 충분하지 않습니다. 행동면역의 특징과 한계에 관한 정직하고 투명한 과학적 지식도 필요합니다. 감염병 상황에서 잠재적인 감염원을 감지했을 때 사람들이 대체로 어떻게 느끼고 행동하는지를 잘 이해하고 예측할 수 있어야 합니다. 행동면역이 과도하게 작용할 때 개인과 집단에 어떤 문제가 발생할 수 있는지에 대한 더 많은 과학적 연구가 이루어져야 합니다. 그래야 미래의 감염병 상황에서 나타날 수 있는 더 큰 혼란과 비극을 막을 수 있을 겁니다.

감염병을 피하는 행동면역은 꼭 필요한 기능이지만 부작용도 있습니다. 행동면역은 현재 지구 생물 중에서 특히 우리 인류에게 아주 잘 발달해 있습니다. 만약 지구에서 행동면역의 부작용으로 인해 큰 문제가 발생한다면, 그것은 아마도 우리 인류가 나서서 책임지고 해결해야 할 중요한 문제일 겁니다. 하지만 전 세계적으로 행동면역에 관한 연구는 아직도 시작 단계입니다. 앞으로 미래의 과학자들이 관심을 많이 갖고 연구해 보기를 바랍니다.

구형찬
인지과학과 진화행동과학을 통해 인류의 마음과 행동을 연구합니다. 진화의 과정이 만들어낸 신체와 두뇌의 특징이 사람의 생각과 행동 그리고 다양한 사회문화 현상에 미치는 영향을 탐구하고 있습니다. 서울대학교에서 박사학위를 받은 후에 서울대 인지과학연구소 객원연구원을 지냈고, 현재 서강대학교 ACKR 연구교수로 재직하면서 서울대학교에서도 강의하고 있습니다.

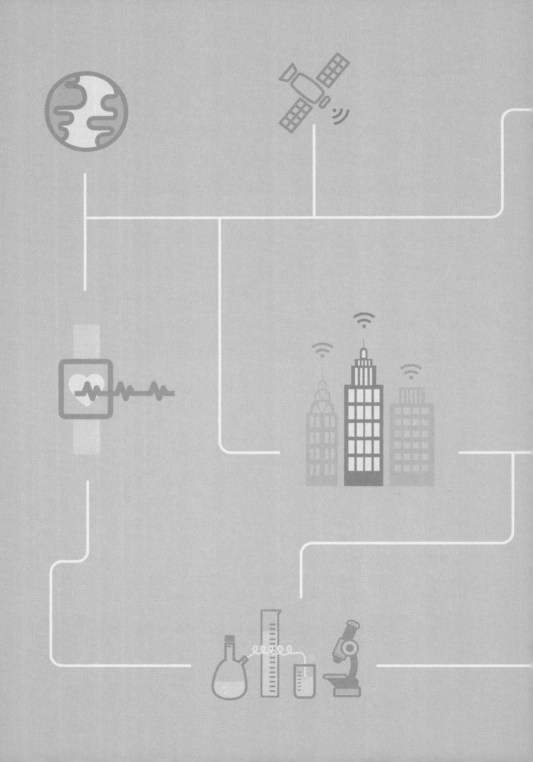

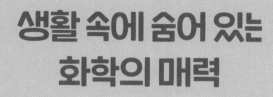

생활 속에 숨어 있는
화학의 매력

정병진

우리는 화학이 없다면 어떠한 세상을 살아가게 될까요? 잠시 상
상해 보죠. 눈을 떠보니, 실오라기 하나 걸치지 않은 채로 넓은 초
원에 누워 있어요. 왜냐구요? 집도 지을 수 없고, 옷도 만들 수 없
으니까요. 그리고 세수하려고 해도 비누도 클렌징폼도 없어요. 머
리를 감고 싶지만 샴푸도 보이질 않네요. 이런! 양치도 할 수가 없
어요. 난감한 상황의 연속입니다. 이 상황을 헤쳐 나가보고자 스
마트폰을 찾아보지만, 당연히 있을 리가 없죠. 천천히 움직여 봅
시다! 이동 수단은 보이지 않을 것이고, 먼지 날리는 흙길만이 우
리를 반겨줄 거예요. 온갖 돌부리와 나뭇가지에 스치며 온몸은
상처투성이, 통증을 가라앉혀 줄 진통제를 찾아보지만 의약품도
없어요. 왜? 다 화학으로 만들어진 물질들이니까요!

되는 게 하나도 없는 하루네요. 끔찍한 경험에서 벗어나 얼른 다
시 우리가 살고 있는 세상으로 이동해요. 화학은 우리가 느끼지
못하지만, 생활 깊이 스며들어 있답니다. 이러한 화학의 유용성을
여러분은 얼마나 알고 있나요? 자, 지금부터 함께 알아봅시다!

🧪 석유에서 친환경 에너지와 에너지 수확 기술까지 모두 화학!

과학기술의 눈부신 발전으로 자동차, 비행기, 선박, 기차를 활용해 사람들은 먼 거리를 이동할 수 있게 되었고 다양한 물자를 손쉽게 운송할 수 있게 되었어요. 특히 여가생활을 하거나 여행을 갈 때도 이러한 운송 수단을 이용해요.

과연 이것들을 움직이게 하는 공통적인 물질은 무엇일까요? 여러분들은 머릿속에 액체 하나를 떠올리게 될 거예요. 네! 바로 석유랍니다. 석유는 과거 생명 활동을 하던 생물(유기물)들이 주로 호수 바닥이나 바다 밑에 퇴적되고, 지층이 쌓이면서 누르는 힘으로 열과 압력을

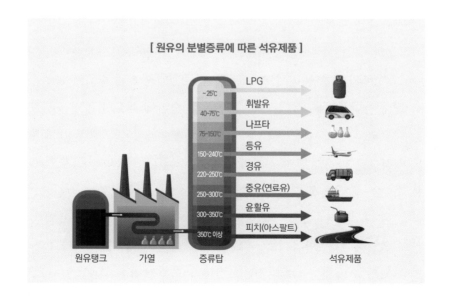

[원유의 분별증류에 따른 석유제품]

LPG
~25℃
휘발유
40-75℃
나프타
75-150℃
등유
150-240℃
경유
220-250℃
중유(연료유)
250-300℃
윤활유
300-350℃
피치(아스팔트)
350℃ 이상

원유탱크   가열   증류탑   석유제품

받아 수천만 년에 걸쳐 분해되어 만들어진 천연 유기물이에요. 석유는 한가지 물질로 구성된 순물질이 아니라, 다양한 물질들이 혼합되어 있습니다. 따라서 우리는 원유를 그대로 사용하기보다는 물질마다 끓는점이 서로 다른 특성을 활용해 증류탑에서 분별증류라는 과정을 거치면서 액화석유가스(LPG), 휘발유, 나프타, 등유, 경유, 중유(연료유), 윤활유, 피치(아스팔트) 등 다양한 물질로 분리하여 사용합니다.

가장 먼저 분리되어 나온 액화석유가스는 주로 가정용 난방이나 음식 조리, LPG 차량의 연료로 활용해요. 나프타는 내연기관용 연료, 고분자 화합물인 합성고무, 플라스틱 등 다양한 석유화학제품들의 생산에 사용합니다. 등유는 가정용 또는 항공기의 연료, 경유는 디젤 엔진의 연료나 발전소에, 중유는 선박의 연료로 이용되고 있어요. 마지막에 남은 찌꺼기 피치조차도 도로용 포장에 활용합니다.

석유의 주성분은 탄화수소로 이루어져 주로 연료로 사용해 왔습니다. 그리고 가공을 통해서 거의 무한대로 분자 구성의 변화가 가능해서 현재는 합성섬유, 플라스틱, 의약품 등 생활에 필요한 물질을 만드는 원료로 사용됩니다. 인간의 피에 빗대어 현대 문명의 검은 피라고 불릴 정도로 마지막 한 방울까지 버릴 것 하나 없이 다양한 용도로 활용됩니다. 하지만 장점만 가득할 것 같은 석유도 인구 증가와 산업의 발달, 생활 수준의 향상으로 인해 소비량이 계속 증가하면서 자원 고갈의 위험에 처해 있습니다. 과다한 사용으로 인해 지구온난화라는 큰 문제를 유발하고, 각종 석유화학제품의 무분별한 사용으로 환경

오염을 발생시켜 지구를 위협하고 있고요. 이러한 석유 문제의 대안으로 태양에너지, 풍력에너지, 바이오매스 등과 같은 신재생 에너지가 현재 지속적으로 연구되고 있는데, 이 중 하나로 수소연료전지가 등장합니다.

수소와 산소를 반응시켜 최종 생성물로 물만 생성되기 때문에 친환경적이죠. 또한 산화환원반응을 이용해 직접 전기에너지를 생산하기 때문에 에너지 효율이 우수하다는 장점이 있습니다. 석유보다 많은 양의 에너지를 방출하기 때문에 운송 수단이나 대형 발전장치, 난방 등에 활용도도 높습니다. 하지만 수소를 얻기 위해 물을 전기분해하는 과정에서 화석연료를 사용하므로 아직은 완벽히 친환경적이라

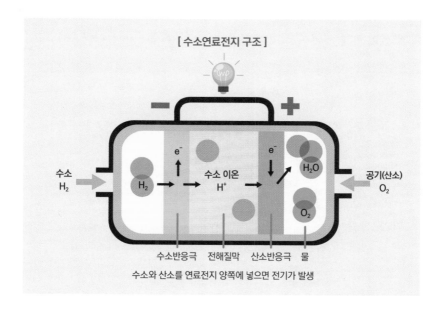

[수소연료전지 구조]

수소와 산소를 연료전지 양쪽에 넣으면 전기가 발생

고는 할 수 없습니다. 앞으로 우리는 저렴한 가격으로 친환경적인 수소를 대량 생산할 방법과 이를 안전하게 보관할 방법, 수소연료전지의 효율성을 높일 방법 등을 고민해야 합니다.

현재 우리 주변에서 소소하게 버려지는 에너지를 모아서 유용하게 활용할 수 있는 에너지 수확 기술도 연구 중입니다. 대표적으로 물질에 압력을 가했을 때 전압이 발생하는 압전효과가 가장 널리 연구 개발되고 있습니다. 예를 들어, TV 리모컨을 누를 때 사용하는 운동에너지를 수확해 충분한 전기에너지를 발생시킬 수 있다면 건전지 없는 리모컨도 상상이 아닌 현실이 될 수 있겠죠? 또 자동차가 움직일 때 도로에 압력과 진동이 가해지는데 만약 이를 수확할 수 있다면 그 에너지를 모아서 신호등이나 도로 주변 가로등에 활용할 수도 있습니다. 하지만 아쉽게도 아직은 에너지 수확 장치의 제작과 설치비용에 비해 얻을 수 있는 에너지의 양이 적어서 실용화는 되지 않고 있습니다.

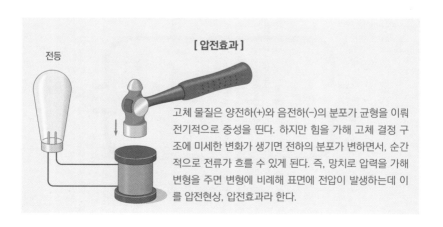

[압전효과]

전등

고체 물질은 양전하(+)와 음전하(−)의 분포가 균형을 이뤄 전기적으로 중성을 띤다. 하지만 힘을 가해 고체 결정 구조에 미세한 변화가 생기면 전하의 분포가 변하면서, 순간적으로 전류가 흐를 수 있게 된다. 즉, 망치로 압력을 가해 변형을 주면 변형에 비례해 표면에 전압이 발생하는데 이를 압전현상, 압전효과라 한다.

앞으로도 환경 문제와 에너지 절약을 위한 지속가능한 에너지 이용 방법을 다방면으로 지속성을 갖고, 모색할 필요는 있지 않을까요? 그 주인공이 바로 여러분입니다. 인간과 환경이 공존할 수 있는 친환경적인 미래 세상을 만들어주세요.

🧪 우리가 입고 있는 옷을 만드는 섬유에도 화학이?

우리가 입고 있는 의류에도 화학이 숨어 있습니다. 의복은 신체활동 중 체내에서 분비되는 땀과 피지 등을 흡수해서 청결을 유지할 뿐 아니라, 공기 중에 떠돌아다니는 미세먼지, 각종 오염물질, 외부 활동 중에 접촉하게 되는 다양한 미생물로부터 신체를 보호하는 역할을 합니다. 또한, 체온과 기온 사이에 일정 온도 이상 차이가 나면, 인체는 스스로 체온조절을 하기 힘들어서 우리는 계절별로 옷의 종류를 달리하면서 체온을 유지하기도 하지요.

이처럼 다양한 역할을 하는 의류는 무엇으로 만들까요? 그것은 바로 실의 재료가 되는 가는 털 모양의 물질인 섬유입니다. 섬유는 구성 물질에 따라 천연섬유와 인조섬유로 구분해요. 그리고 인조섬유 중 석유에서 분리하여 화학적으로 중합시킨 합성 고분자를 원료로 하는 것을 합성섬유라고 부른답니다. 여러분! 지금 입고 있는 옷의 안쪽에 있는 라벨을 한번 확인해 보세요. 다양한 섬유의 조성들이 보이죠?

반면에 천연섬유는 원료가 자연에서 생산되며, 생분해 및 재생 가

면   모   견

능한 자원으로 식물이나 동물의 부산물로 만들어진 섬유예요. 대표적으로 목화에서 뽑아내는 식물성 섬유인 면(cotton)과 동물의 털 중에서도 양털을 이용한 섬유인 모(wool), 누에고치에서 얻을 수 있는 천연 단백질 섬유인 견(silk)이 있어요. 흡습성과 촉감이 우수하다는 장점이 있지만, 질기지 않아 쉽게 닳고, 열과 구김에 약하며, 대량생산이 어려운 단점도 있습니다. 이러한 단점을 보완하기 위해 현재는 합성섬유인 폴리에스터와 혼방하여 사용하고 있어요.

그렇다면 합성섬유는 무엇일까요? 산업혁명을 거치면서 급속도로 인구가 증가하게 되었고, 천연섬유만으로는 수요를 감당하지 못해 만들어진 것이 인조섬유입니다. 인조섬유는 재생섬유와 합성섬유로 구분할 수 있으며, 현재 우리가 많이 활용하는 나일론, 폴리에스터, 아크릴이 대표적인 3대 합성섬유라 할 수 있어요.

먼저, 나일론은 1937년 미국 듀퐁사의 캐러더스가 공기와 물, 석탄 등을 원료로 발명한 최초의 합성섬유입니다. 하지만 처음부터 합성섬유 개발을 목표로 한 것은 아니었어요. 팀원 중 한 명이, 고분자 관련

나일론   폴리에스터   아크릴

실험 중 실패한 찌꺼기에 불을 쬐었더니 계속 늘어나 실과 같은 물질이 되는 것을 보게 되었고, 이를 계기로 본격적으로 연구해 나일론이 탄생하게 되었습니다. 과학의 발전은 이렇게 엉뚱한 상상에서 시작되기도 해요. 나일론은 '거미줄보다 가늘고, 강철보다 질긴 기적의 실'로 불릴 만큼 매우 질기고, 유연하며, 신축성이 우수하고, 대량생산이 가능합니다. 나일론이 발명되기 전에는 여성들이 값도 비싸고, 금방 닳아버리는 견으로 만든 스타킹을 신고 다녔어요. 하지만 이러한 단점은 나일론으로 만든 스타킹이 개발되면서 사라지고, 판매 첫날에만 80만 켤레 이상이 팔리는 등 선풍적인 인기를 끌었습니다.

폴리에스터는 전 세계 합성섬유 생산량의 절반 이상을 차지하고 있을 만큼 현재 가장 널리 활용되는 합성섬유예요. 1941년 영국에서 처음 개발되어 테릴렌이라고 이름 지었으나, 지금은 폴리에스터, 폴리에스테르로 더 많이 불리고 있습니다. 내구성이 좋고, 탄성과 신축성이 우수하며, 구김이 적고, 금방 마르는 특징이 있어 의류용 섬유로 많이 사용하고 있습니다.

아크릴은 1941년 듀퐁사가 개발한 합성섬유로, 천연섬유인 울과 비슷한 외관과 촉감을 표현하면서도 상대적으로 가격이 저렴하여 많은 인기를 끌었어요. 특히 불이 잘 붙기는 하지만 힘들게 타다가 대부분 꺼져버리고, 우수한 보온성과 햇빛에 영향을 거의 받지 않아 커튼이나 침구에 많이 사용되고 있답니다.

참, 여러분! 혹시 고어텍스라는 합성섬유 이름을 들어본 적이 있나요? 등산복이 떠오르지 않나요? 1969년 미국의 고어가 개발한 이 섬유는 나일론이나 폴리에스터와 같은 고분자에 다공성 고분자의 얇은 막을 화학적으로 결합한 소재입니다. 물이 스며들지 않아서 방수 효과가 있지만, 수증기가 통과하는 기능이 있어서 땀 배출은 가능해요. 여기에는 어떠한 원리가 숨어 있을까요?

고어텍스에는 지름이 빗방울보다 작고, 수증기보다는 큰 미세한 구멍이 수없이 뚫려 있어요. 이 구멍 덕분에 눈과 비는 통과하지 못하고, 수증기로 변한 땀은 옷 밖으로 배출되어 옷의 습도가 낮아집니다. 그래서 한여름에도 끈적거림 없이 쾌적한 옷 상태를 유지할 수 있습니다.

우리는 이처럼 화학의 발달과 함께 개발되어 온 섬유 덕분에 값도 싸고, 다양한 기능을 가진 의류를 이용할 수 있게 되었습니다. 상상을 현실로 바꾸는 과학자! 인간의 삶을 풍요롭게 하여, 삶의 질을 높여 줄 수 있는 과학자를 꿈꾸어보지 않을래요? 여러분들의 무궁무진한 잠재력과 관심이 더해진다면 반드시 미래 사회에 또 다른 변화를 가져올 과학자로 성장할 수 있을 거예요!

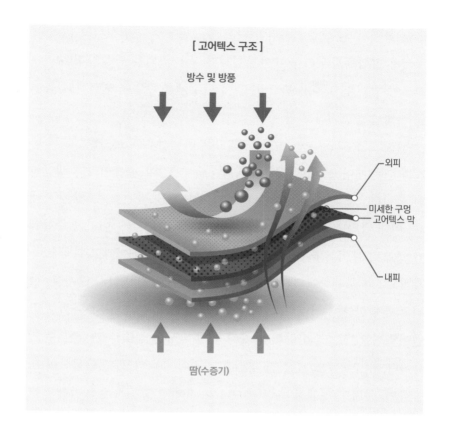

[고어텍스 구조]

방수 및 방풍

외피

미세한 구멍
고어텍스 막

내피

땀(수증기)

🧪 최고의 발명품에서 골칫거리가 된 플라스틱에도 화학이?

여러분은 단 하루라도 플라스틱을 사용하지 않고 생활할 수 있나
요? 인류 최고의 발명품인 플라스틱에는 어떠한 화학적 원리가 함께
하고 있을까요? 플라스틱은 미국의 과학자 베이클랜드가 최초로 발

명한 물질로 원유에서 분리한 나프타를 활용하여 합성하고 있어요. 그래서 합성수지라고 불리기도 합니다. 플라스틱을 만들기 위해서는 기본이 되는 단량체가 필요하고, 이 단량체를 수없이 연결하여 붙이는 과정을 중합이라고 합니다.

아! 어렵죠? 그렇다면 여러분! 레고를 떠올려 보세요. 레고 블록 한 개가 단량체이고, 이를 무수히 연결하는 과정이 중합이라고 생각하면 됩니다. 그 과정에서 같은 패턴이 반복됨을 발견할 수 있을 거예요. 이때 나타나는 같은 패턴을 중합체라고 부릅니다. 이러한 중합체가 무수히 붙어서 커다란 덩어리를 이루면 플라스틱이라고 말하고요. 가볍고, 외부 충격에 강하며, 철과 달리 부식이 일어나지 않아요. 그리고 투명한 것부터 다양한 색을 가진 플라스틱까지 자유자재로 만들어낼 수 있고, 열과 압력을 가해 쉽게 원하는 물질로 가공할 수 있습니다. 무엇보다도 가장 큰 장점은 가격이 저렴하고, 대량생산이 가능하며, 분자 수천에서 수만 개 이상이 결합한 고분자 물질이라서 다양한 형태와 특성을 가진 물질을 만들 수 있기에 우리 주변 어디에서나 쉽게 찾아볼 수 있습니다.

이렇게 만들어진 플라스틱은 종류에 따라 활용도가 다양해요. 먼저, 폴리에틸렌(PE)은 색과 냄새가 없으며, 재활용이 가능하고, 열을 가해 다양한 형태로 만들어내기가 쉬워요. 그래서 시중에 유통되는 플라스틱의 30% 이상을 차지할 정도로 많이 사용되고 있습니다. 주로 음식물 포장용 필름이나 용기에 사용하고 있어요.

여기서 잠깐! 음식물 용기라면 전자레인지에 사용해도 될까요? 모든 폴리에틸렌 용기를 전자레인지에 사용할 수는 없습니다. 전자기파를 흡수해 가열될 경우, 형태가 변형되거나 분해되면서 해로운 물질이 나올 수도 있어요. 따라서 전자레인지용이라고 적힌 제품만 사용해야 해요.

두 번째는 페트(PET)가 있답니다. 많이 들어봤죠? 우리는 주로 페트병이라고 많이 말하죠. 투명하고 독성이 없으며, 재활용할 수 있어요. 하지만 재활용되는 정도가 너무너무 낮아요. 왜일까요? 사람들이 페트병에 붙어 있는 라벨을 제거하지 않고, 재활용 통에 분리배출을 하기 때문이에요. 그리고 무의식적으로 페트병 속에 이물질을 넣기도 하는데, 이러한 행동 역시 재활용을 하지 못하게 한다는 것을 잊지 마세요. 그리고 생수병이나 음료수병은 일회용입니다. 세균 번식의 위험성 때문에 재사용하지 않는 것이 좋아요.

세 번째는 폴리염화비닐(PVC)이 있어요. PVC는 평소에는 안정적이지만 가열하면 독성가스가 발생해요. 주로 건축자재나 비닐하우스, 배관용 파이프 등에 사용되며, 한 번 버려진 것은 재사용할 수 없어요. 소각 처리 과정에서는 환경호르몬인 다이옥신이 배출되므로, 반드시 분리수거를 해야 하며, 전문업체에 의뢰하여 소각해야 합니다. 여기서 잠깐! 우리가 일상생활에서 사용하는 비닐봉지는 폴리염화비닐보다는 폴리에틸렌을 주로 사용합니다.

마지막으로 폴리스타이렌(PS)은 발포제와 함께 사용해 마치 뻥튀기

[플라스틱의 종류와 특징]

코드	명칭	특징	용도	위험성
△ 1 PETE	PET(PETE) 폴리에틸렌 테레프탈레이트	- 투명하고 가볍다. - 가장 많이 재활용되며 독성에 매우 안전하다. - 재사용 시 박테리아 번식 가능성이 높다.	생수병, 주스 병, 이온 음료병 등	사용해도 좋음
△ 2 HDPE	HDPE 고밀도 폴리에틸렌	- 화학 성분 배출이 없고 독성에 매우 안전하다. - 전자레인지 사용이 가능하다.	우유병, 영유아 장난감 등	사용해도 좋음
△ 3 V	PVC 폴리비닐 클로라이드	- 평소에는 안정적인 물질이나 열에 약해 소각 시 독성가스와 환경호르몬, 다이옥신을 방출한다.	랩, 시트, 필름, 고무대야, 호스 등	사용하면 안 좋음
△ 4 LDPE	LDPE 저밀도 폴리에틸렌	- 고밀도보다 덜 단단하고 투명하다. - 일상생활 사용 시 안전하나 재활용을 할 수 없어 가급적 사용 자제를 권한다.	비닐봉지, 필름, 포장재 등	사용해도 괜찮음
△ 5 PP	PP 폴리프로필렌	- PP는 플라스틱 중 질량이 가장 가볍고 내구성이 강하다. - 고온에도 변형되거나 호르몬 배출이 없다.	밀폐용기, 도시락, 컵 등	사용해도 좋음
△ 6 PS	PS 폴리스타이렌	- 성형이 쉬우나 내열성이 약해 가열 시 환경호르몬 및 발암 물질이 배출된다.	일회용 컵, 컵라면 용기, 테이크아웃 커피 뚜껑 외	사용하면 안 좋음
△ 7 OTHER	PC(기타 모든) 폴리카보네이트	- PC는 가공과 내충격성이 우수해 건축 외장재로 주로 쓰인다. - 환경호르몬이 배출되어 식품 용기로는 사용할 수 없다.	물통, 밀폐용기, 건축 외장재 등	사용하면 안 좋음

같이 부풀려서 스펀지처럼 굳어진 스티로폼을 만들 수 있어요. 따라서 식품 포장에서부터 단열재, 방음재 등 다양한 용도로 활용되고 있습니다.

이렇게 사회 전반에 걸쳐 유용하게 사용되는 플라스틱이 이제는 골 칫거리가 되었습니다. 플라스틱은 저렴하고, 가공이 쉬워서 무분별하 게 사용해 폐기물이 증가한 것입니다. 플라스틱 폐기물은 수백에서 수천 년이 지나도 분해되지 않아 환경에 악영향을 미칩니다. 그렇다 고 태워 없앨 수 있을까요? 만약 모두 태우면 대기 오염물질과 인체에 해로운 물질들이 대기 중에 떠돌아다니면서 사람들에게 나쁜 영향을 미치게 될 거예요.

　미세 플라스틱에 대해 들어본 적이 있을 겁니다. 일회용품이나 플 라스틱 폐기물이 햇빛이나 열, 파도와 해류 등에 의해 매우 작은 플라 스틱 입자로 분해된 걸 말합니다. 이러한 미세 플라스틱은 먹이사슬 에 따라 이동하여 결국에는 사람들의 건강에 나쁜 영향을 미칩니다. 예를 들어 강이나 바다에 흘러 들어간 미세 플라스틱을 물고기의 먹 이인 미생물이나 작은 생명체들이 섭취하게 되고, 이를 먹은 물고기 를 다시 사람이 먹게 되면서 사람의 체내에 미세 플라스틱이 쌓이게 되는 거죠. 이런 미세 플라스틱이 인체에 미치는 영향에 관한 연구는 지금도 계속 진행되고 있어요.

　아직 연구가 완전히 완료된 것은 아니지만, 체내에 들어오면 배출 되지 않고, 다양한 장기나 인체 조직에 축적되어서 염증을 일으키거 나 화학물질이나 독소 등을 흡수하고 운반하면서 체내에 독성을 높 일 수도 있다는 연구 결과가 있기도 합니다. 또한 호흡계, 내분비계, 면역계를 비롯하여 유전자 변이를 일으킬 수 있다는 위험성까지 제기

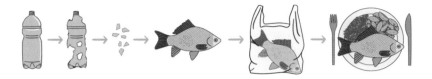

[우리의 식탁까지 오르는 미세 플라스틱]

되고 있어요. 앞으로 더 많은 연구과 검증을 토대로 미세 플라스틱의 위험성을 인식하고, 이에 대비할 방안을 찾아야겠죠?

현재 해결방안 중 하나로, 바이오 플라스틱이 연구되고 있어요. 바이오 플라스틱은 기존 플라스틱과 비슷한 성질을 갖고 있지만, 일정 시간이 지나면 토양의 박테리아나 다른 유기 생물체에 의해 물과 이산화탄소로 분해됩니다. 즉, 사용하고 버려진 제품을 수거해 음식쓰레기처럼 매립하면, 미생물이 바이오 플라스틱을 분해해 무해한 흙으로 만듭니다. 이대로만 된다면 정말 멋진 일이겠죠?

이러한 바이오 플라스틱은 PLA(Poly Lactic Acid)와 PHA(Poly Hydroxy Alkanoate)가 있어요. 먼저 PLA는 옥수수, 사탕수수, 감자 등을 발효시켜 얻은 젖산을 이용해서 만듭니다. 옥수수·콩·사탕수수를 재배해 작물을 수확하고, 공장에서 작물 속 녹말만을 추출해 물과 섞어 압축한 후, 바이오 플라스틱의 재료를 얻어요. 이 원재료로 원하는 모양의 플라스틱 제품을 만들어 사용합니다. 단단하고 투명하게 만들 수 있고, 가격도 저렴해 가장 대중적인 친환경 플라스틱입니다. 환경호

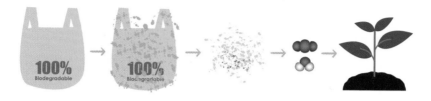

르몬을 발생시키지 않고, 매립 시 미세 플라스틱도 남기지 않아요. 행여나 사용 환경에 따라 미세 플라스틱이 발생하여 인체에 흡수되더라도 세포호흡 과정에서 물과 이산화탄소로 분해되어 몸 밖으로 쉽게 배출되기 때문에 걱정할 필요가 없습니다. 이러한 특징 때문에 임시 치아나 녹는 실 등 의료용으로 많이 활용하고 있습니다. 하지만 기존 플라스틱에 비해 열과 수분에 약하고, 유연성이 작아 쉽게 부스러지는 단점도 있지요.

PHA는 미생물이 식물 유래 성분을 먹고 세포 내에 축적하는 천연 고분자 화합물로 만들기 때문에 현재 가장 친환경적인 바이오 플라스틱이라고 할 수 있어요. 100% 미생물 기반의 물질이라서 생산과정에서 탄소 배출도 줄일 수 있고, 다른 플라스틱과는 다르게 해양을 포함한 어떠한 환경에서도 100% 생분해되는 특성이 있습니다. 하지만 원재료를 미생물로부터 얻다 보니 생산량에 제약이 있습니다. 생산과정이 너무 복잡하고, 가격이 비싸다는 단점도 있어요. 아직은 이러한 한계점을 지니고 있지만, 이를 보완하기 위한 연구가 꾸준히 진행된다면 앞으로의 발전 가능성은 PHA가 PLA보다 훨씬 더 크다고 할 수 있어요.

하지만 이러한 바이오 플라스틱도 결코 플라스틱 문제 해결의 실질적인 해결책이라고 할 수는 없습니다. 왜 그럴까요? 분해는 잘 되지만 재활용이 어려워서 기존의 플라스틱과 함께 배출된다면 오히려 기존 플라스틱의 재활용을 방해하는 불순물이 될 수도 있고 산과 들, 바다나 강에 무분별하게 배출된다면 환경을 오염시키는 기존의 플라스틱과 다를 것이 없거든요. 따라서 우리는 플라스틱의 생산량 감축과 근본적인 해결방안인 일회용품 사용 줄이기, 재활용, 대체물품 개발, 환경교육 등을 기반으로 다양한 해결책을 제시해야 해요. 여러분이 주도적으로 동참하고, 앞장 서보는 것은 어떨까요? 여러분의 열정과 실력이라면 환경보존과 인간의 건강을 함께 책임지는 미래 핵심 역량을 갖춘 과학자가 될 수 있을 거예요!

🧪 다양한 합성의약품에도 화학이 숨어 있다니!

과학기술의 발전으로 새로운 의약품들이 개발된 덕분에 인간의 수명은 예전보다 늘어났습니다. 마취제로 인해 아픔 없는 수술이 가능하고, 백신으로 다양한 질병을 예방하고, 소독제와 항생제로 바이러스 및 세균으로부터 우리를 보호할 수 있게 되었어요.

사람들은 처음에는 자연에서 얻어낸 생약을 사용했습니다. 하지만 상황에 따라 약효를 내는 성분이 일정치 않았고, 복용하거나 저장할 방법이 마땅치 않았으며, 대량생산이 어려웠어요. 이러한 단점을 보완하기 위해 과학자들은 해당 성분 물질을 추출하는 방법을 찾기 시작했고, 화학적 구조를 규명해 대량생산을 할 수 있게 되었습니다.

과학기술이 발전한 지금은 성분 물질의 화학적 구조 변화와 인위적인 합성을 통해 새로운 합성의약품들을 직접 생산할 수도 있게 되었죠. 이러한 눈부신 의약품의 발전은 질병 치료에 큰 도움이 되고 있습니다. 합성의약품 중에서도 널리 알려지고, 우리가 쉽게 구매해 사용할 수 있는 진통제인 타이레놀을 좀 더 알아볼게요.

타이레놀은 원래 화학적 이름은 아세트아미노펜입니다. 미국의 존슨앤존슨가 최초로 개발한 물질로, 인체 내 통증을 전달하는 물질의 합성을 방해해 진통 효과를 나타내는 물질이에요. 진통과 해열 효과가 뛰어나 두통, 치통, 신경통 및 열을 내리기 위해 많이 사용하고 있습니다. 여러분 코로나19 백신을 맞은 후 부작용으로 발열과 두통이 생길 수 있다는 이야기를 들어봤을 거예요. 그래서 백신 접종 후 타이레놀 복용을 권하기도 했어요. 의사의 처방 없이도 살 수 있는 일반 의약품으로 편의점에서도 쉽게 구할 수 있어서 비상 의약품으로도 많이 구비 해두고 있어요. 하지만 간과 신장에 치명적인 손상을 초래할 수 있으니 일일 권장 복용량을 꼭 확인하고 지켜야 합니다.

타이레놀 구조식

타이레놀은 다양한 종류가 있어요. 간단하게 두 가지 정도만 알아 볼게요. 타이레놀정은 약물이 빠르게 방출되는 속방정이에요. 약 성분이 체내에 신속하게 퍼지면서 빠르게 효과를 볼 수 있어요. 하지만 타이레놀 ER 서방정은 속방정을 코팅해서, 위가 아닌 장에서 소화되기 때문에 약물이 체내에 서서히 방출되면서 약효를 오랜 시간 동안 지속하게 하는 특징이 있습니다. 속방정과는 반대죠? 열을 빠르게 내리고, 통증을 신속하게 완화하기 위해서는 속방정을, 생리통 때문에 오랜 시간 약효가 지속되기를 원한다면 서방정을 복용하는 것이 더 도움이 됩니다. 증상에 따른 올바른 복용도 필요합니다.

이렇게 유용하게 사용되는 의약품 중에서도 절대 잊지 말아야 할 사건이 있습니다. 기형아 1만여 명을 만든 최악의 의약품 사고! 바로 '콘테르간 스캔들'입니다. 탈리도마이드는 원래 신경안정제로 판매되던 의약품이었어요. 동물실험 결과 부작용이 거의 없고, 임산부의 구역, 구토감을 완화해 주는 작용이 알려지면서 1957년 콘테르간이라는 상품명으로 입덧 치료제로 유럽 전역에서 인기를 얻었습니다. 하지만 시간이 지난 후, 유럽에서 탈리도마이드가 원인으로 추정되는 기형아 출산이 증가하면서 안정성과 부작용 문제가 제기되기 시작했습니다. 연구 결과 임신 후 42일 이내 복용 시 100% 기형아가 출산 된다는 것이 밝혀졌지만 이미 전 유럽에 퍼진 상태였죠. 미국의 식품의약국(FDA)은 이 약을 승인하지 않았어요. 인체실험에서는 수면제로 작용하는 것이 동물실험에서는 아무런 효과가 없다는 것에 의심을 가진

프란시스 올덤 켈시 박사가 승인을 거부
했기 때문입니다. 그 결과 미국에서는
유럽과 달리 기형아 출산이 매우 적었
습니다.

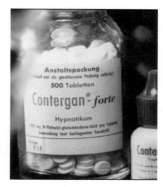

기형아를 유발한 탈리도마이드 성분의 약
콘테르간

이러한 탈리도마이드의 부작용은 광
학이성질체(거울상 이성질체) 때문이었어요.
우리 양손을 한번 펴봐요. 왼손과 오른
손은 모두 손가락 다섯 개씩 있고 배열
도 같죠? 그리고 왼손을 거울에 비추면 오른손과 같은 모습을 보이기
도 합니다. 하지만 이제 두 손을 포개어 볼까요? 겹치지 않죠? 이렇듯
같은 성분과 구조지만 서로 겹치지 않고, 거울에 비추면 동일한 모습
을 나타내는 두 분자 사이의 관계(R, S)를 거울상 이성질체라고 합니
다. 분자식도 같고, 녹는점, 끓는점 등 물리적 성질도 같지만, 화학적
성질은 달라요. 탈리도마이드는 R은 진정 및 수면작용, S는 혈관 생성
을 억제(기형아 탄생)하는 화학적 성질이 있지만, R을 복용해도 체내에서
S로 전환되어 결국 기형아 출산을 일으켰습니다.

이 사건을 통해 우리는 합성의약품의 개발과 판매에는 이윤 창출보
다 시간이 걸리더라도 연구를 통해 약의 효능뿐 아니라 안정성이 충
분히 입증되어야 하며, 부작용을 최소화하는 방법을 찾는 것이 중요
하다는 것을 기억해야 합니다. 미래에는 또 어떠한 의약품이 새롭게
합성되어 사용될까요? 효능은 높이고, 부작용은 최소화하여 인류의

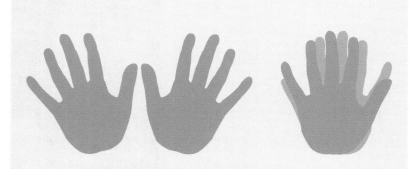

왼손을 거울에 비춰보면 두 손의 손가락 배열은 같지만 포개면 겹치지 않는다.
이처럼 성분과 구조는 같지만 서로 겹치지 않는 관계를 거울상 이성질체라고 한다.

[거울상 이성질체 분자 구조 비교]

탈리도마이드

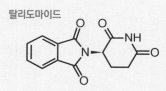

R-탈리도마이드 : 진정효과

거울

S-탈리도마이드 : 기형아 유발

나프록센

S-나프록센 : 소염제

R-나프록센 : 간독성

건강과 수명연장에 기여하는 과학자를 꿈꿔보는 것은 어떨까요?

지금까지 우리가 살펴본 것은 빙산의 일각에 불과해요. 화학은 사회 전반에 유용하게 사용되고 있어요. 일상생활을 넘어 식량 문제와 의류 및 주거 문제, 사람들의 건강 문제까지 화학은 우리의 삶을 윤택하게 만들어주는 역할을 합니다. 하지만 반드시 좋은 점만 있는 것은 아닙니다. 그렇다고 그 단점이 무서워 활용하지 않는 것이 올바른 선택일까요? 이면에 숨어 있는 단점을 보완하고, 새로운 물질을 만들어내면서 좀 더 나은 미래를 꿈꿔야 하지 않을까요?

삶의 질을 높이고 환경과 사람이 함께 공존할 수 있는 세상을 만들어 인류의 건강까지도 생각하는 과학자! 뚜렷한 주관을 가지고 옳고 그름을 판단해 연구할 수 있는 윤리적인 과학자! 상상을 현실로 바꾸어 새로운 세상을 구현할 수 있는 과학자! 바로 여러분이 미래를 만들어갈 주인공입니다!

정병진

우리 주변에 존재하는 물질들은 어떻게 만들어지게 되었을까? 다양한 합성과정을 거치며, 매일 같이 새로운 물질들이 탄생하고, 우리는 어떻게 이것들을 활용하면서 풍요로운 삶을 영위하고 있을까? 화학의 유용성을 학생들도 인식하고, 늘 새로움에 도전하며, 과학 발전에 이바지하는 미래 과학자의 꿈을 심어주고자 화학교육을 전공했습니다. 화학이 어려운 학문이 아닌, 주변에서 손쉽게 접하고 삶에 스며들어 있음을 알리기 위해 수많은 강연에서 이야기보따리를 풀어내는 과학 커뮤니케이터로 활동하고 있습니다. 현재 동원고등학교 화학 교사로 있습니다.

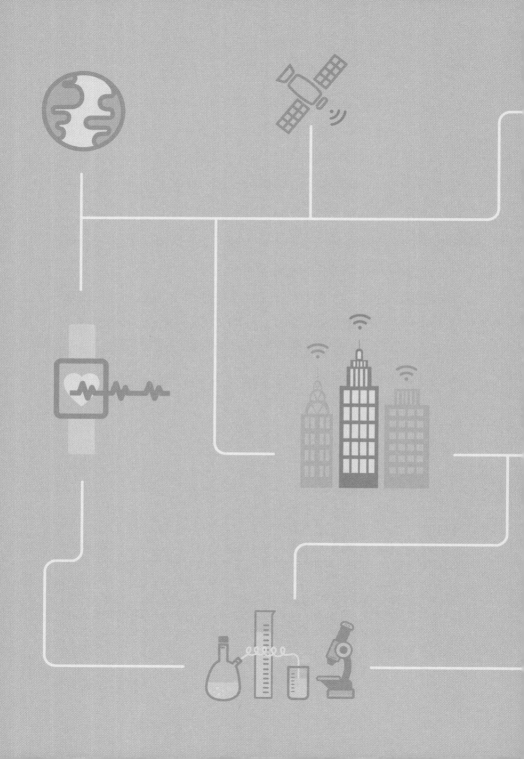

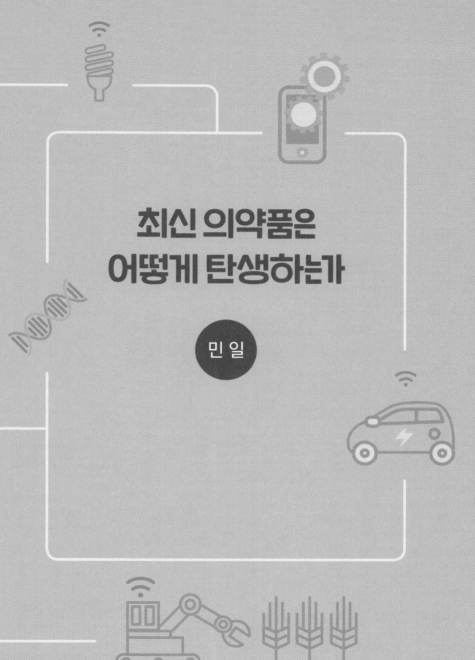

최신 의약품은 어떻게 탄생하는가

민 일

현대 우리가 지금처럼 건강하게 오래 살 수 있게 된 요인은 여러 가지가 있겠지만, 인류가 질병으로부터 조금 더 자유로워지는 데 의학과 약학의 발전이 기여했습니다. 현대의학이 발달하기 전 인류는 주변의 자연에서 약효가 있는 식물이나 곰팡이 등의 천연 물질을 특정 질병을 치료하는 데 사용했습니다. 그렇다면 인류는 자연에서 어떤 약을 발견했을까요? 그리고 새로운 치료법들은 과연 어떤 전문가들이 개발하고 있을까요? 신약 개발은 어떤 과정을 거쳐 약을 처방할 수 있게 승인되고 생산되는지 궁금하지 않나요? 여기서 잠시, 궁금한 게 생기네요. 의학도 과학일까요? 재미와 겸손, 자기 검열, 협력을 통해 성장하는 과학과 의학, 지금부터 재미있는 최신 의학의 세계를 소개하겠습니다.

💊 질병에서 우리를 자유롭게 하는 과학

눈을 떠보니 주변이 낯섭니다. 볼을 꼬집자 아픈 걸 보니 꿈은 아닌 듯싶습니다. 정신을 차리고 다시 주변을 살펴보니 저는 한 살짜리 꼬마가 되어 있고 시간은 1901년 어느 날입니다. 여기서 계속 살아야 한다면 저와 같은 해에 태어난 친구 100명 중 16.5명이 자라나는 동안 병에 걸려 성인이 되기 전에 죽을 것입니다. 운 좋게 살아남는다 해도 50세를 넘기지 못할 가능성이 큽니다.

21세기를 4분의 1쯤 지나온 지금은 어떨까요? 우리나라 통계청 자료에 따르면 신생아 사망률은 1,000명당 2.5명이며 기대수명은 83.5세라고 합니다. 100년이 조금 넘는 기간에 커다란 변화가 있었네요. 이처럼 오늘날 건강하게 오래 살 수 있게 된 요인은 여러 가지가 있겠지만, 의학과 약학의 발전으로 인류가 질병으로부터 조금 더 자유로워진 점이 크게 기여했다고 믿습니다.

최근에는 오랫동안 불치병으로만 여겨졌던 질병들의 치료법도 속속 세상에 나오고 있습니다. 예를 들어볼까요? 제1형 척수성 근위축증(spinal muscular atrophy)이라는 질병이 있습니다. 이 질병은 우리 중추신경계가 정상적인 활동을 하는 데 꼭 필요한 SMN1이라고 하는 유전자에 선천성 변이를 안고 태어나는 신생아들이 겪는 질병입니다. 별다른 치료 방법이 없어서 이 질병을 가지고 태어나는 신생아는 두 살을 채 넘기지 못하고 사망하는 불치병이었습니다. 하지만 최근에 변

SMN1 유전자의 선천성 변이를 치료할 수 있는 신약이 개발되는 등 난치병과 불치병 치료제가
꾸준히 개발되고 있다.

이가 없는 SMN1 유전자를 신생아에게 주사하여 정상적인 기능을 할
수 있도록 하는 방식의 새로운 치료제(Zolgensma)[1]가 개발되었습니다.
제1형 척수성 근위축증 질병이 있는 신생아가 생존할 수 있는 길이 열
린 것입니다. 그리고 그동안 딱히 치료 방법이 없던 아주 고약한 종류
의 백혈병과 같은 많은 암 질병의 치료제도 꾸준히 개발되고 있습니다.

　100여 년 동안 우리는 어떤 과정을 통해 의학의 혁신을 이뤄냈을까
요? 이 과정 중에 과학은 어떻게 기여했을까요? 그리고 이러한 치료법
들은 과연 어떤 전문가들이 개발할까요?

💊 치료약 개발의 시작과 과학의 역사

　현대의학이 발달하기 전 인류는 주변의 자연에서 약효가 있는 식물
이나 곰팡이 등의 천연 물질을 특정 질병을 치료하는 데 사용하기 시
작했습니다. 선조들의 경험에 근거한 전통의학의 형태지요. 현대의학

버드나무 껍질 성분 중 살리실산 화합물로 만든 아스피린은 해열 진통제로 복용되고 있다.

도 바로 전통의학에서 시작하게 됩니다. 그 한 예로 우리가 모두 알고 있는 해열 진통제인 아스피린이 어떻게 발견되고 개발되었는지 살펴볼까요?

버드나무 껍질은 고대 이집트 시대부터 열을 내리게 하고 통증을 완화는 효과가 있다고 알려져서 오랫동안 약초로 사용되었습니다. 기원전 400년 전 히포크라테스는 버드나무 껍질을 우려낸 차를 해열제로 사용하기도 했습니다. 19세기 초 프랑스의 과학자들이 버드나무 껍질에 있는 수많은 물질 중에 살리실산이라고 하는 화합물이 해열과 진통 작용을 하는 성분임을 밝혀냅니다. 그리고 독일 제약회사인 바이엘이 아스피린이라는 해열 진통제를 개발하게 됩니다.[2]

다른 유명한 예를 하나 더 소개해 볼까요? 바로 가장 유명한 항생제인 페니실린입니다. 역시 고대부터 피부 감염이 생겼을 때 과일에 피어나는 곰팡이를 바르면 감염이 치료된다는 전통의학이 전해오고 있었습니다. 20세기 초 스코틀랜드의 과학자 알렉산더 플레밍이 푸른

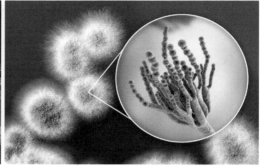

알렉산더 플레밍이 푸른곰팡이에서 세균을 죽이는 페니실린을 발견했다.

곰팡이가 세균을 죽일 수 있다는 사실을 알아내었고, 영국 옥스퍼드 대학교의 과학자들이 푸른곰팡이에서 항생제 페니실린을 추출해 냅니다.[3]

이 두 가지 예는 너무 유명한 이야기이지요. 지금부터는 이러한 초기 약품의 발견 이후에 과학자들이 어떤 연구를 통해 현대 제약학이 발전하게 되었는지 조금 깊이 들여다보겠습니다. 아스피린의 원료인 살리실산을 발견하고 과학자들은 호기심이 발동합니다. 도대체 어떻게 살리실산이라는 아주 작은 화학물질이 우리 몸의 열을 내리게 하고 통증을 줄여줄 수 있을까? 하는 궁금증이었지요. 바로 전문용어로 약품의 작용기작(MoA, Mode of Action)을 알고 싶은 호기심이었습니다. 1971년 영국의 과학자 존 로버트 배인은 살리실산이 인체에서 프로스타글란딘이라는 호르몬의 생성을 억제한다는 사실을 밝혀내어 11년 뒤인 1982년에 노벨상을 받게 됩니다.[4] 프로스타글란딘을 생산하는 효소인 COX라는 녀석을 방해하여 생성을 억제하는 것이 살리실산의 작용 기작이었습니다. 그러면 프로스타글란딘이 몸에서 생성되면 어떤 일이 벌어질까요? 프로스타글란딘은 우리 몸의 통증 신호를 뇌에 전달하는 일과 뇌의 시상하부에서 체온을 조절하는 기능을 합니다. 따라서 살리실산이 프로스타글란딘 생성을 억제하면 해열 진통의 효과가 나타나는 것이지요.

과학자들은 여기서 멈추지 않았습니다. 살리실산이 어떤 과정을 통해 해열 진통 효과를 보이는지 알았으니, 이제 이 지식을 활용해 효능이 더 우수한 약이나 다른 종류의 약을 찾기 시작합니다. 우리가 흔하게 복용하는 이부프로펜(애드빌의 성분)이 그 예라 할 수 있습니다.

페니실린의 경우를 다시 살펴볼까요? 페니실린은 세균의 세포벽 구성분 중 하나인 펩티도글라이칸의 합성을 저해하는 것으로 밝혀졌습니다.[5] 세포벽을 가지고 있는 세균이 페니실린에 노출되면 세균이 분열하는 과정에서 세포벽을 제대로 만들지 못해 결국은 터져 죽고 맙니다. 과학자들의 이러한 발견으로 왜 페니실린이 모든 세균을 다 죽이지 못하는지에 관한 궁금증을 해소합니다. 세균 중에는 세포벽 없이 살아가는 녀석들도 많거든요.

이러한 과학적 지식의 축적이 다양한 세균을 죽이는 여러 항생제를 개발하는 데 기초가 되었습니다. 그런데 세균은 매우 영리하여 일정 기간 항생제에 노출되면 자신의 존속을 위협하는 물질의 작용을 회피하기 시작합니다. 우리가 알고 있는 항생제 내성이 생기는 거죠. 그

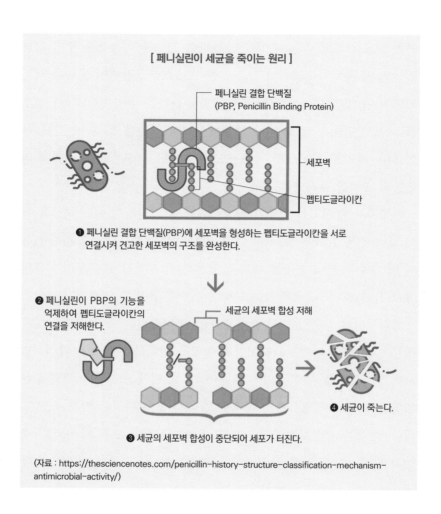

[페니실린이 세균을 죽이는 원리]

페니실린 결합 단백질
(PBP, Penicillin Binding Protein)

세포벽

펩티도글라이칸

❶ 페니실린 결합 단백질(PBP)에 세포벽을 형성하는 펩티도글라이칸을 서로 연결시켜 견고한 세포벽의 구조를 완성한다.

❷ 페니실린이 PBP의 기능을 억제하여 펩티도글라이칸의 연결을 저해한다.

세균의 세포벽 합성 저해

❹ 세균이 죽는다.

❸ 세균의 세포벽 합성이 중단되어 세포가 터진다.

(자료 : https://thesciencenotes.com/penicillin-history-structure-classification-mechanism-antimicrobial-activity/)

래서 과학자들은 세균이 어떤 방식으로 항생제 내성을 갖게 되는지도 연구하여 내성을 극복할 수 있는 새로운 항생제들을 개발하고 있습니다.

기초과학의 힘

아스피린과 페니실린의 경우를 통해 살펴보았듯이 인류는 경험을 통해 축적된 선조들의 전통 의학지식을 활용해 지금의 제약 기술의 초석을 다졌습니다. 화학적 지식과 기술을 이용해 약효를 보이는 천연물에서 약효 성분을 추출하고 그 성분이 무엇인지 밝혀내었지요. 과학자들은 여기서 멈추지 않고 약효의 작용기작을 기초 생물학과 화학, 물리학적 지식을 총동원하여 밝혀내게 됩니다.

여기서 한 가지 주목해야 할 매우 중요하고 재미있는 사실이 있습니다. 약을 찾아내고 개발하는 데 사용되는 기초과학적 지식은 제약을 위해 목표를 설정해 두고 연구한 결과물도 있습니다. 하지만 순수한 학문적 호기심에서 출발해 오랜 기간 인류가 투자하고 축적해 온 연구의 결과물이 더 많이 사용되었다는 점입니다. 주변에 과학자들을 살펴보면 저런 연구를 해서 어디에 쓸 수 있을까? 하는 생각이 드는 아주 기초적인 연구들이 많습니다.

예를 들어볼까요? 산소가 없는 곳에서만 살아남을 수 있는 세균이 주변 환경에 있는 금속 물질을 처리하는 데 필요한 단백질에 관한 연구, 우리 주변에서는 흔히 볼 수 없는 식물체의 특정 단백질 3차원 구조를 밝히는 연구, 예쁜꼬마선충이라 불리는 길이 1mm 정도인 선충이 어떻게 알을 낳는지에 관한 연구 등 열거할 수 없이 많습니다. 언뜻 들어서는 실생활에 전혀 도움이 될 것 같지 않은 연구들이지만, 이러

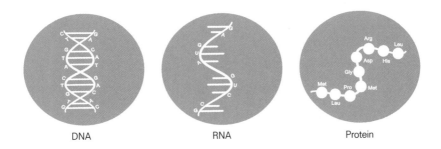

[기초 연구로 밝혀낸 DNA, RNA, 단백질의 구조와 분자]

DNA　　　　　RNA　　　　　Protein

한 기초 연구들의 결과물들이 축적되어 결국에는 인류에 큰 공헌을 하는 결과물로 나타나게 됩니다.

기초과학의 힘이 인류에게 지대한 공헌을 한 대표적인 사례로 몇 해 전 인류를 위협하고 아직도 그 여파가 남아 있는 코로나19 팬데믹을 들 수 있습니다. 2019년 겨울에 처음 발생하여 이듬해인 2020년 말 첫 백신이 나오기 전까지는 타인과의 접촉을 최소화하여 감염되지 않도록 철저하게 관리해야 했던 악몽 같은 감염병이었습니다.

인류는 팬데믹이 선언되고 1년 만에 백신을 개발했어요. 그리고 2020년 12월 18일 미국 식품의약국(FDA, Food and Drug Administration, 한국의 식품의약품안전처와 유사한 업무를 수행하는 미국의 정부 기관)은 첫 코로나 백신의 긴급 사용승인을 하게 됩니다.[6] 코로나 백신은 바이러스에 노출되었을 때 감염률을 줄여줄 뿐 아니라 감염되어도 중증으로 발전하거나 사망하는 경우의 수를 현저하게 감소시키는 효과를 보였지요.

채 1년도 안 되는 기간에 우리는 어떻게 백신을 개발할 수 있었을까요? 바로 그동안 축적된 기초과학의 저력으로 가능했습니다. 우리는 우리 몸을 외부 병원균의 침입과 내부에서 발생하는 질병(암 등)으로부터 보호하는 면역체계에 관해 끊임없이 연구해 왔습니다. 질병이 발생했을 때 우리의 면역체계가 어떻게 반응하는지 연구를 통해 알게 되었고, 이를 이용해 병원균이 들어오기 전에 미리 대비할 수 있도록 백신이라는 개념의 예방법을 꾸준히 개발하고 있었습니다. 코로나19의 경우 기존의 백신과는 조금 다른 형태의 유전자를 이용한 백신이 도입되었습니다. 유전자에 관한 기초적인 연구로 축적된 지식, 유전자를 인체로 전달하여 그 유전자 정보를 이용해 백신의 기초가 될 단백질을 체내에서 생산할 수 있는 기술 등이 코로나 백신의 핵심 기술입니다. 이 모든 것이 수십 년 동안 축적된 과학적 지식이 없이는 불가능했던 혁신입니다.

의약품의 개발, 검증 및 승인 과정

지금부터는 최신 의약품이 어떤 과정을 거쳐서 개발되고 검증되며 약으로서 처방될 수 있도록 승인되는지 그 절차를 소개하겠습니다. 의약품을 개발하는 일은 최소 10년에서 길게는 20년이 넘게 걸리고 비용이 매우 많이 드는 작업입니다. 약 하나를 개발하는 데 평균 1조 원 정도의 비용이 든다고 합니다. 실패하는 약에 드는 비용까지 더하여 계산한 수치이기는 하지만 시간과 비용이 상상을 초월합니다.

전통적인 신약 개발의 첫 단계는 신약 후보 물질 발굴입니다. 앞서 설명한 질병의 특징을 과학적 지식을 통해 알게 되면 그 질병을 근원적으로 치료할 수 있는 물질들을 여러 다른 과학적 방법을 통해 발굴합니다. 이렇게 후보 물질들이 준비되면 실제로 약효가 있는지 실험실에서 검증하는 단계를 거칩니다. 과학자들은 후보 물질들을 테스트할 수 있는 세포 단위의 모델 시스템을 고안해 내고 이를 이용해 수많은 후보 물질을 검증하지요. 이 과정에서 후보 물질들의 수가 보통의 경우 10개 이내로 줄어듭니다.

다음 단계는 동물 모델을 이용한 2차 검증입니다. 동물 모델을 반드시 사용해야 하는지에 대한 논의는 잠시 후에 따로 다루겠습니다. 동물을 이용한 2차 검증 단계에서는 두 가지를 검사하게 됩니다. 첫째는 동물을 이용한 질병 모델에도 치료 효과를 보이는지의 검증이고, 둘째는 동물에 심각한 부작용을 일으키는가에 대한 약물의 독성 여부를 검사하는 일입니다. 이 과정을 통해 한 개의 최종 후보 물질을 선정하게 됩니다. 이렇게 선정된 최종 후보 물질은 인간을 대상으로 하는 임상시험 단계로 넘어갑니다.

여기서 잠시 동물실험에 관해 최신 동향을 알아보겠습니다. 사람에게 사용할 약을 개발하는 일에 동물을 실험 대상으로 사용하는 일은 윤리적인 문제가 있습니다. 현재의 과학기술로는 동물 모델을 사용하지 않고서는 개발 중인 약물이 사람에게 어떤 독성을 나타낼지 정확하게 측정하는 일은 매우 어렵습니다. 이러한 연유로 동물을 사용한 약품 검증이 꼭 필요합니다. 동물 모델을 인도적으로 이용하기 위해 모든 연구기관에서는 매우 엄격한 동물 모델 사용기준을 정하여 따르고 있습니다. 동물을 이용한 모든 시험 절차는 반드시 수의사를 비롯한 동물 전문가들로 구성된 기관의 심의를 거쳐 승인받아야 합니다. 동물실험을 시행하는 모든 연구자는 철저한 사전교육을 받아야만 실험에 참여할 수 있으며, 동물실험에 관한 관리와 감독을 매우 철저하게 진행해야 합니다. 하지만 과학자들은 동물의 희생을 막기 위해서도 열심히 연구하고 있습니다. 최근에는 동물을 사용하지 않고도 충분히 약효나 독성을 검증할 수 있는 기술 연구가 활발히 진행되고 있습니다. 그 한 예로 사람의 장기를 세포 배양하여 재구성해 사용하는 기술 등이 개발되고 있어서 머지않은 미래에는 이러한 기술들이 동물실험을 대체할 날이 오리라 기대합니다. 미국의 FDA는 이러한 시대적 요구와 기술 개발에 발맞추어 2023년 초 앞으로 약물의 임상시험 전 동물실험을 반드시 수행하도록 강제하지는 않겠다고 선언했습니다.[7]

이제 다시 임상시험으로 돌아가겠습니다. 임상시험은 신약 승인의 최종 단계로서 시간과 비용이 가장 많이 드는 단계입니다. 사람을 대상으로 하는 임상시험은 대개 세 단계로 나누어 진행됩니다. 각각의 단계별로 임상에 참여하는 대상자의 수와 검증하고자 하는 바가 각각 다릅니다.

[의약품의 개발, 검증 및 승인 과정]

신약 후보 물질 발굴

⬇

후보 물질 테스트 – 실험실에서 약효 검증

⬇

동물 모델을 이용한 2차 검증
(치료 효과, 부작용 및 독성 여부 검사)

⬇ ⟵ **최종 후보 물질 선정**

인간 대상 시험

임상 1상 : 독성 여부, 독성을 보이는 약물의 투약 가능량(100명 미만)

임상 2상 : 약물의 치료 효과를 처음으로 검증(수백 명 규모)

임상 3상 : 본격적으로 약물의 치료 효과 검증(수천 명 규모)

⬇ ⟵ **효과 및 안전성 검증**

치료제 승인

첫 단계인 임상 1상에서는 약물이 인체에 투약되었을 때 발생할 수 있는 독성 여부를 파악하고, 최소한의 독성을 보이는 약물의 투약 가능량이 어느 정도인지를 파악합니다. 대개 환자가 아닌 건강한 정상인을 대상으로 하며 어떤 경우에는 임상 1상부터 환자를 대상으로 하는 경우도 있습니다. 임상 1상에 참여하는 대상 수는 100명 미만입니다. 임상 1상에서 약물의 안전성이 입증되면 두 번째 단계인 임상 2상을 진행합니다. 임상 2상에서는 약물의 치료 효과를 처음으로 검증하게 되는데요, 대상이 되는 환자의 수는 대개 수백 명 규모입니다. 임상 2상에서 치료 효과가 입증되면 마지막 단계인 임상 3상을 진행합니다. 3상에서는 본격적으로 약물의 치료 효과를 수천 명의 환자를 대상으로 검증하게 됩니다. 이 세 단계의 임상시험을 거쳐 약물의 독성이 치료제로 적합한 수준이고 치료 효과가 검증된 약물은 비로소 치료제로 승인받습니다.

치료약품 개발의 마지막 단계인 임상시험이 어떤 과정을 거쳐 진행되는지 알아보았습니다. 임상시험은 그 대상이 사람인 만큼 계획 단계부터 종료 시점까지 매우 철저하게 관리 감독을 받는 절차입니다. 우선, 나라별로 임상시험을 승인하고 관리 감독하는 기관이 있습니다. 우리나라는 앞서 언급한 식품의약품안전처이고 미국의 경우에는 FDA입니다. 중앙정부 기관뿐 아니라 임상시험을 직접 진행하는 병원과 같은 기관도 자체 감독기구를 운용하도록 법으로 강제하고 있습니다. 기관생명윤리심의위원회(IRB, Institutional Review Board)라 불리는 조직

미국 FDA의 기관생명윤리심의위원회는 임상시험의 계획과 실행 절차를 꼼꼼히 검사하고 관리 감독한다.

인데요, 실제로 임상시험의 계획, 실행 절차를 꼼꼼히 검사하고 관리 감독하는 기관이지요.[8] 임상시험을 진행하는 주체는 모든 계획, 과정, 결과를 기관검토위원회에 수시로 보고하고 승인받도록 법으로 규정하고 있습니다. 임상시험 도중 조금이라도 계획하지 않은 일이 벌어지거나, 한 명의 시험 대상자라도 심각한 이상 증상이 발생하면 임상시험을 즉시 중단하고 그 원인을 파악하며, 향후 임상시험을 지속할지를 신중하게 결정합니다. 이렇게 철저하게 임상시험이 관리 감독 된다니 마음이 조금은 놓이시지요?

💊 임상시험의 관리 감독

그러면 우리는 어떻게 이토록 철저한 관리 감독 체계를 구축하게 되었을까요? 여기에는 조금은 마음 아픈 역사가 있습니다. 우선 제2차 세계대전 시대로 거슬러 올라가 보겠습니다. 히틀러의 나치는 전쟁 기간에 강제 수용소 수감자들을 대상으로 그들의 동의를 받지 않고 임상시험을 수행했습니다. 그 실험 과정에서 나치의 의사들은 살인, 잔혹 행위, 고문, 기타 비인도적 행위를 저질렀습니다. 전쟁이 끝나고 임상시험에 참여했던 23명의 나치 의사는 재판을 통해 그들의 잔악한 행위에 대한 처벌을 받습니다. 그리고 인류는 더는 이런 일이 일어나지 않도록 1947년에 뉘른베르크 코드(The Nuremberg Code)를 제정해 임상시험은 다음과 같은 조건을 반드시 만족하도록 규정했습니다.[9, 10]

- 참여자의 자발적 동의가 있어야 함
- 연구에 과학적 가치가 있어야 함
- 연구의 이점이 위험보다 커야 함
- 피험자가 언제든지 연구 참여를 중단할 수 있어야 함

미국에서도 비윤리적인 임상 연구가 오랫동안 진행된 사례가 있습니다. 터스키기 매독 연구입니다. 1932년부터 1972년까지 성병의 일종인 매독에 걸린 남성을 치료하지 않고 장기간 두었을 때 어떤 일이 일

어나는지를 연구한 임상시험이었습니다.[11] 미국 앨라배마 주 매콘 카운티의 가난한 흑인 소작농이던 연구 대상자들은 모두 매독에 걸렸다는 사실을 알지 못했습니다. 연구를 진행하는 기관에서 일부러 숨겼기 때문입니다. 이들은 1940년대 후반 페니실린이 등장했을 때도 고의로 치료를 제공받지 못했습니다. 이 연구는 1972년 언론에 의해 세상에 알려지고 나서야 종료되었습니다. 미국의 의회는 이 사건을 조사하기 위해 1973년 '의료의 질-인간 실험'에 대한 청문회를 열고 진상을 조사하게 됩니다. 이 청문회에서 밝혀진 충격적인 결과 때문에 1974년 미국은 국가위원회를 만들고 국가적 연구법안을 제정하게 됩니다. 이 법안의 결과로 지금의 기관생명윤리심의위원회(IRB)가 탄생하고, 엄격한 임상시험의 규제 감독의 토대를 마련했습니다. 미국은 이 사건을 계기로 사람을 대상으로 하는 모든 연구에 대한 윤리 원칙을 만듭니다. 이 윤리 원칙은 1976년 국가위원회의 심의를 거쳐 벨몬트 보고서(The Belmont Report)로 공표되는데요, 인간 대상 연구와 관련해 다음과 같은 세 가지 기본 틀을 제시했습니다.

- 사람에 대한 존중(respect for persons)
- 유익성(beneficence)
- 정의(justice)

이 세 가지 원칙은 향후 인간을 대상으로 하는 연구에서 발생할 수 있는 윤리적 문제를 해결하는 데 근간이 되는 윤리적 기반을 제공하게 됩니다.[12] 20세기 인류의 신약 개발 역사는 수많은 과학자의 노력이 녹아든 업적이기도 하지만 그 이면에는 매우 윤리적으로 문제가 된 잘못들이 있습니다. 지금의 과학자들은 이러한 역사를 반면교사로 삼아 다시는 그런 과오를 되풀이하지 않도록 철저하게 스스로를 관리 감독할 수 있는 제도를 마련한 것이지요.

의약품 개발은 누가 하나요?

우리를 질병으로부터 자유롭게 해줄 의약품은 어떤 사람들이 만들어낼까요? 앞서 어떤 과정을 통해 하나의 의약품이 탄생하는지 소개했습니다. 대충 미루어 짐작해 보아도 수많은 전문가가 힘을 모아야만 가능한 일임을 알 수 있습니다.

우선, 개발 초기로 가볼까요? 의약품의 종류에 따라 전문 분야의 과학자들이 약품 후보물질을 개발합니다. 아스피린과 같은 간단한 화학약품의 약 개발은 화학자가, 세포나 단백질 치료제들은 생물학자가, 유전자 치료제는 분자생물학자와 재료공학자가, 복잡한 의료기기들의 개발은 물리학자와 전기·전자 공학자를 비롯한 여러 공학자가 힘을 합하여 개발합니다. 동물실험 단계에서는 이들 과학자뿐 아니라 동물을 관리하는 수의사도 함께 참여합니다.

임상시험도 여러 전문가가 참여합니다. 환자를 직접 치료하는 의사,

환자를 관리하는 간호사, 임상시험의 대상자들을 관리하는 임상 코디네이터, 임상 데이터를 관리하는 전산 전문가, 임상시험을 관리 감독하는 규제기관에서 일하는 전문가 등 많은 전문인력이 힘을 합하여 하나의 의약품을 개발합니다. 미처 다 소개하지는 못했지만 의학의 발전은 과학의 모든 분야가 기여해 이루어진다고 하여도 과언이 아닐 것입니다. 이처럼 의약품을 개발하는 일은 특정 한 분야만 투자하여 발전하여서는 이루기 힘든 과업입니다. 기초과학을 비롯해 과학기술 전반에 걸친 고른 발전이 있어야 가능한 일입니다.

💊 의학도 과학인가요?

종종 "의학도 과학인가요?"라는 질문을 받곤 합니다. 그러면 저는 이렇게 답합니다. "네, 의학도 물론 과학입니다." 현대의학은 과학과 함께 발전해 왔습니다. 직접 의료에 종사하는 전문인력뿐 아니라 다양한 분야의 과학자들이 함께 의학 발전에 기여하고 있지요. 제가 과학자로 살면서 매료된 과학의 특성이 있는데 이를 최신 의약품 개발 과정과 함께 소개해 보겠습니다.

우선, 과학은 재미있습니다. 대부분의 과학적 발견은 과학자의 호기심에서 시작합니다. 과학자가 가장 기뻐하는 순간은 자신이 궁금해하던 질문의 해답을 얻는 순간이라고 합니다. 물론 저를 포함해서요. 의학의 밑거름이 되는 수많은 기초과학적 지식과 경험은 이러한 과학자의 희열이 그 저변에 있다고 믿습니다.

두 번째, 과학의 특징은 겸손함입니다. 과학자는 자신이 발견한 지식이나 결과물이 절대적인 진리라고 믿지 않습니다. 다만 현재 인류가 가진 지식을 바탕으로 가장 진실에 가까운 값일 것이라며 겸손하게 받아들입니다. 동시에 언제든 자신이 내놓은 결과물보다 진실에 더 가까운 결과가 나올 수 있다는 사실을 인정합니다. 의학도 마찬가지입니다. 의료 현장에서는 지금까지 알려진 최선의 치료 방법으로 환자를 치료합니다. 동시에 더 나은 치료법을 찾기 위해 끊임없이 노력하며, 우수한 치료법이 발견되면 주저함 없이 도입합니다.

세 번째, 과학은 쉼 없이 자신을 검열합니다. 과학자가 연구 결과를 세상에 내어놓기 위해서는 동료 평가(peer review)라는 엄격한 심사의 과정을 거칩니다. 과학자가 서로의 연구 결과를 엄정하고 객관적인 기준으로 평가하는 시스템이지요. 의약품을 개발하는 과정도 끊임없는 심사와 평가 그리고 검증의 과정을 거칩니다.

마지막으로, 과학은 서로 협력합니다. 현대 과학은 한 사람의 과학자 혹은 한 분야의 과학이 연구를 수행하기보다는 여러 분야의 과학자가 서로의 지식과 경험을 모아 공동으로 연구를 수행합니다. 이러한 학제 간 연구(interdisciplinary research)는 혼자서는 이루기 힘든 뛰어난 연구 업적을 달성합니다. 의약품을 개발하는 연구도 앞서 소개했듯이 거의 모든 과학기술 분야의 전문가가 힘을 합하여 진행하는 연구입니다.

어떤가요? 과학의 네 가지 매력, 흥미롭지 않나요? 이 글을 읽으시는 독자들도 제가 흠뻑 빠져 있는 과학의 매력을 느낄 수 있으면 좋겠습니다. 과학의 합리적인 작용방식이 과학 이외의 모든 분야에도 적용될 수 있다면 세상이 조금은 더 행복해지지 않을까 희망해 봅니다.

| 참고문헌 |

[1] https://en.wikipedia.org/wiki/Onasemnogene_abeparvovec

[2] Jeffreys D. (2008). Aspirin the remarkable story of a wonder drug. Bloomsbury Publishing USA. ISBN 978-1-59691-816-0.

[3] https://en.wikipedia.org/wiki/History_of_penicillin

[4] Vane JR (June 1971). "Inhibition of prostaglandin synthesis as a mechanism of action for aspirin-like drugs". Nature. 231 (25): 232-5. doi:10.1038/newbio231232a0. PMID 5284360.

[5] Yocum RR, Rasmussen JR, Strominger JL (May 1980). "The mechanism of action of penicillin. Penicillin acylates the active site of Bacillus stearothermophilus D-alanine carboxypeptidase". The Journal of Biological Chemistry. 255 (9): 3977-86. doi:10.1016/S0021-9258(19)85621-1. PMID 7372662.

[6] https://www.fda.gov/news-events/press-announcements/fda-takes-additional-action-fight-against-covid-19-issuing-emergency-use-authorization-second-covid

[7] FDA no longer has to require animal testing for new drugs, Meredith Wadman, Science 2023 Jan 13;379(6628):127-128. doi: 10.1126/science.adg6276. Epub 2023 Jan 12.

[8] U.S. Department of Health and Human Services (HHS), Office for Human Research Protections (OHRP). 2016. "Exempt Research Determination FAQs." Accessed August 18, 2016.

[9] Trials of War Criminals before the Nuremberg Military Tribunals under Control Council Law No. 10 ("Green Series"). Vol. 1. Washington D.C.: U.S. Government Printing Office (GPO), 1949a.

[10] Trials of War Criminals before the Nuremberg Military Tribunals under Control

Council Law No. 10 ("Green Series"). Vol. 2. Washington D.C.: U.S. Government Printing Office (GPO), 1949b.

[11] Centers for Disease Control and Prevention (CDC). 2013. "U.S. Public Health Service Syphilis Study at Tuskegee."

[12] The National Commission for the Protection of Human Subjects of Biomedical and Behavioral Research. 1979. "The Belmont Report: Ethical Principles and Guidelines for the Protection of Human Subjects of Research." Accessed March 3, 2016.

민 일

미국 존스홉킨스 대학교 의과대학 방사선과 교수이며, 암 진단 및 치료제를 개발하는 과학자입니다. 한양대학교 생화학과를 졸업하고 KAIST에서 석사학위를 마친 뒤 대한민국 공군에서 복무하였습니다. 미국 펜실베이니아 주립대학교에서 박사학위를 받고 존스홉킨스 대학교에서 박사후과정을 거쳐 2017년부터 동 대학에서 교수로 재직 중입니다. 과학이 추구하는 합리적이고 논리적인 행동양식이 사회에 스며들 때 조금 더 살기 좋은 세상이 될 것이라 믿으며, 한국의 '변화를 꿈꾸는 과학기술인 네트워크(ESC)'와 미국의 재미한인과학기술인협회(KSEA)에서 봉사하며 이를 실천하려 노력하고 있습니다.

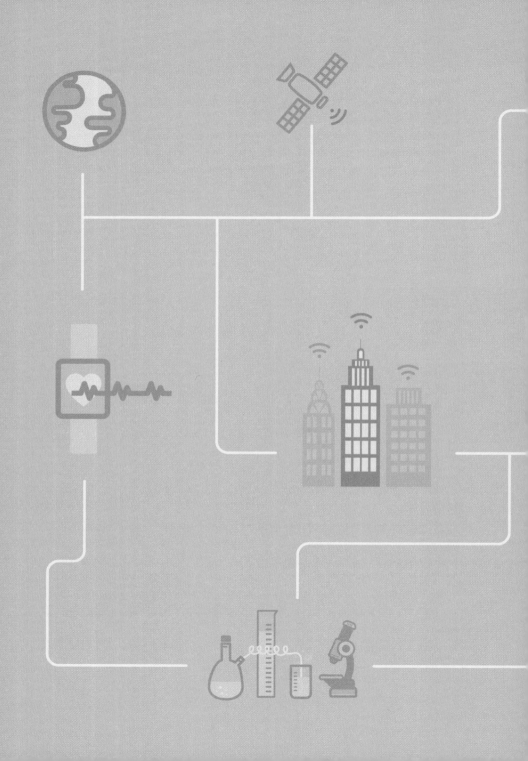

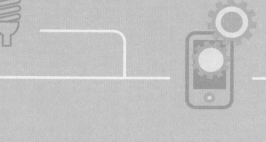

넥스트 커뮤니케이션,
우리가 상상해 온
세상을 열다

전요셉

베르나르 베르베르의 소설 《행성》에는 쥐들이 지배하는 지구를 고양이와 인간이 협력하여 되찾는 이야기가 나옵니다. 이때 쥐들을 물리치기 위해 사용하는 수단이 쥐들이 서로 소통하는 통신을 파괴하는 것이었습니다. 이 작가의 작품들을 보면 소통, 통신에 대해 많이 다루고 있는데요, 얼마나 통신이 사회를 이루어 살아가는 데 중요하고 필수 불가결한 요소인지를 잘 이해하고 있다는 생각이 듭니다.

통신의 역사는 인간의 역사와 함께하고 있다고 해도 과언이 아닐 겁니다. 통신이 무엇인지 묻는다면 다양한 정의가 있겠지만, 이 글에서는 연결과 소통이라는 관점에서 지금의 통신 기술과 미래의 통신 기술을 소개하겠습니다.

플랫폼을 통한 연결 - 사물과도 통하다!

연결은 '1:1' 또는 '1:다수'가 거리와 관계없이 통신할 수 있도록 이어주는 것을 의미합니다. 그리고 통신하는 주체들이 어디에서나 (everywhere), 누구나(everything)와 연결(connected)될 수 있지요. 그래서 소통은 단순히 연결이 아니라 둘 이상의 '주체'가 서로 주고받는 정보를 동일하게 이해한다는 의미를 포함합니다. 여기서 굳이 사람이 아니라 '주체'라고 표현한 것은 우리 생활에 들어와 있는 스마트폰이나 로봇 등의 사물도 이제는 통신의 대상이 되었기 때문입니다.

통신은 단순히 신호의 교환이 아니라 그 안에 있는 의미를 정확하게 전달하고 상대방도 똑같이 이해해야 가능합니다. 다시 말해 연결과 소통이 통신이라는 말로 집약된 것이지요. 이러한 역할을 수행하기 위해서는 인간과 인간, 인간과 사물 같은 통신 주체 간에 서로 약속된 규약이 여러 계층과 단계에 걸쳐서 지켜져야만 합니다. 통신에서는 이런 규약을 '프로토콜(protocol)'이라고 표현합니다. 다양한 주체와 규약(프로토콜)을 맞출 수 있다면 이를 활용하여 다양한 응용 애플리케이션을 통해 연결해서 활용할 수 있습니다.

무선 전파　　　적외선　　　자외선　　　X선　　　감마선

🔷 무선 통신은 전자기파와 안테나 기술

　통신은 모든 수단을 이용해서 가능한데요. 그중에서도 무선/이동
통신의 발달은 어디에서나 누구나와 바로 연결될 수 있는 핵심 기술
입니다. 무선 통신은 전자기파를 이용합니다. 전자기파는 빛의 속도
와 비슷한 속도로 정보가 전송됩니다. 빛은 1초에 30만km를 이동할
만큼 빠르지요. 따라서 무선 통신에서도 이와 비슷한 속도로 정보가
전송됩니다. 그러나 빛이 최고의 속도라는 것은 상대적인 개념입니다.
빛의 속도는 우주의 중력장이나 물질의 밀도 등의 영향을 받아 바뀔
수 있기 때문입니다. 지구에서 무선 통신을 하면 대기의 밀도 등의 영
향으로 속도가 약간 느려질 수 있습니다.

전자기파를 통해 신호를 전송하기 위해서는 전기에너지가 필요합니다. 그런데 주파수와 안테나의 특성에 따라 사용되는 전력이 다릅니다. 이는 전파가 도달하는 범위와 직결됩니다. 같은 전력을 사용한다면 주파수가 높아질수록 도달하는 거리는 짧아집니다.

여기서 안테나 기술을 이용하면 전자기파의 전송 방향과 모양을 바꿔 도달할 수 있는 거리를 늘릴 수 있습니다. 레이저 장비로 빛을 모아 증폭시킬 수 있는 것처럼 말이죠. 이러한 기술을 빔포밍(beamforming)이라고 합니다. 안테나의 물리적 특성을 이용하여 얇은 빔을 만들 수

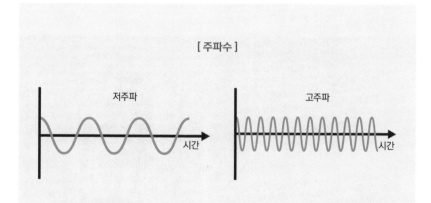

[주파수]

저주파　　　　　　고주파

시간　　　　　　시간

주파수는 일정한 크기의 전류나 전압 또는 진동과 같은 주기적 현상이 단위 시간(1초) 동안에 반복되는 횟수이다. 파장이 짧은 전자기파는 주파수가 높다. 전자기파는 광자(빛알)들의 집합으로 볼 수 있는데 광자 한 개는 일정한 에너지를 갖고 그 에너지는 광자의 주파수에 비례한다. 주파수가 높은 광자는 에너지가 높고, 주파수가 낮은 광자는 에너지가 낮다.

도 있고(analog beamforming), 특정 방향에서 파악할 수 있는 채널의 특성을 찾아 수학적으로 이용하는 디지털 빔포밍(digital beamforming) 기술도 있습니다.

전자기파 신호의 세기로 단위 시간에 전송할 수 있는 데이터의 전송량(보통 통신 속도라고 하죠)이 결정됩니다. 눈에 보이지 않는 무선 통신은 간단하고 아름다운 수식으로 가능한데요, 정보 이론에서는 정보의 전송량을 $W\log(1+SINR)$로 표현합니다. 항상 위대한 공식은 단순합니다. 여기서 W는 전송에 사용되는 주파수의 최대 주파수에서 최저 주파수까지의 구역(대역폭)이고, SINR(Signal to Interference and Noise Ratio = S/

이동통신의 통신망실은 네트워크 성능 향상과 용량 관리 등을 통해 통화나 데이터 서비스를 원활하게 한다.

(I+N))은 신호 대 간섭잡음비입니다. 이 공식에 따르면 데이터 전송 속도를 높이는 방법으로 전송 주파수 대역을 넓히거나, 전송 신호의 세기를 크게 하는 방법이 있습니다. 주파수 대역이 넓어지면 전자기파의 에너지 밀도가 내려가서 전송 거리도 짧아지고, 신호 세기도 작아집니다. 전송 신호를 더 크게 하면 주변에는 반대로 간섭이 커집니다. 전력을 무한정 사용할 수는 없고, 높은 전력에 따른 전자기장 등의 영향을 고려하여 주파수 대역별로 각 나라에서 제약 사항을 정해놓고 있습니다.

통신의 발달과 더불어 같은 시간에 처리해야 하는 데이터 양도 증가해서 신호 송수신과 데이터 처리를 위한 모뎀(modem) 및 애플리케이션 프로세싱(application processing) 용량을 증가시켜해야 합니다. 다시 말해 4G LTE에서는 1msec(0.001초) 단위로 자원배분과 신호 전송을 처리하는 데 5G의 mmWave(30~300GHz) 대역에서는 4G LTE의 8분의 1인 0.125msec(125usec) 단위로 동작합니다. 이를 위해 처리 속도가 빠른 반도체를 개발해야 하고, 대용량 데이터를 처리하기 위한 프로세스 기술 개발 그리고 대용량 저장 장치가 필요해지죠. 물론 사용되는 전력 사용량도 증가합니다. 그리고 배터리 기술의 발달을 수반합니다. 위성 통신의 경우처럼 일부 태양광 같은 도움을 받기는 하지만, 고효율의 저전력 기술이 필요합니다.

🏵️ 통신 발전을 이끄는 기술과 정책

반도체나 전력 이야기가 나온 이유는 통신의 발달이 정보 전달의 정확도와 속도의 발전을 가져오고 이를 통해 많은 산업과 기술이 더불어 발전하기 때문입니다. 마치 고속도로가 생기면서 물류와 사람의 이동이 빈번해지고 이를 통한 다양한 기회가 생기는 것처럼 말이죠.

그렇다 보니, 통신 기술이 발전하려면 주변 기술의 발전이 필요하고, 주변 기술의 발전을 기반으로 통신 기술이 더 발전하게 됩니다. 국제 표준 기구 3GPP(Generation Partnership Project)에서 미래 통신 기술을 정의할 때 하는 중요한 가정이 하나 있습니다. 바로 새로 만드는 통신 표준 기술을 가능하게 만드는 다양한 기술, 예컨대 '주파수 필터의 성능과 반도체 처리 성능, 배터리 기술 등이 10년 후에는 이 정도 발전해 있을 것이다'라는 주변 기술의 발전 속도의 예측입니다.

기술에 맞추어 활용이 가능한 주파수 정책을 위해서 국제적으로 국제전기통신연합(ITU)의 전파 규칙(Radio Regulation)으로 주파수대 사용을 규정합니다. 주파수는 국경이 없지만, 동시에 공공재로 각 국가에 중요한 자원이기 때문에, 국제적으로 일부는 규약과 활용 방법을 공통으로 결정하고, 국가별 활용 사항도 공유하고 있습니다. 국내는 전파 관리국에서 주파수대와 할당 폭, 전파 형식, 최대 송신 전력, 용도 등 주파수 할당 업무를 관장하고 있습니다.

주파수는 공유 자원이라는 특성이 있습니다. 그래서 암호화 보안과 자원의 효과적 분배를 위한 스케줄링(scheduling) 기술, 다시 말해 다중 프로그래밍을 가능하게 하는 운영 체제의 동작 기법으로 처리해야 할 일의 순서를 정하는 기술이 사용됩니다. 이동 통신 기술에서는 중앙집중식 스케줄링 정책을 사용합니다. 대표적으로 비례공정 정책(proportional fairness, 경제학의 한계효용의 법칙을 준용)이지요. '효용을 최대화'하는 정책이 각 사용자에게 한계효용에 따른 공정성(fairness)도 보장합니다. 여기서 한계효용은 한 재화나 서비스를 한 단위 더 소비함으로써 얻는 추가적 만족을 뜻합니다. 신호를 전달하는 통신과 직접 연관은 없어 보이지만, 스케줄링 기법은 제한된 자원을 이용하는 무선 통신이 실제로 실용성 높게 실행되도록 만들어주는 방법입니다. 같은 공간에서 와이파이나 무선 네트워크에 연결된 사람이 많을 때, 속도가 너무 느려져서 통신이 잘 안되는 것을 경험해 보았을 겁니다. 이처럼 자원을 추가할 수 없는 상황에서 어떤 스케줄링 기술이 적용되는가에 따라 체감하는 속도가 크게 달라질 수 있지요.

🔷 5G와 6G 통신 기술

우리 시대의 대표적인 통신 기술로는 현재 상용화가 진행되고 있는 5G 무선 통신과 이제 기술 개발과 표준화가 논의되기 시작한 6G 무선 통신 기술을 이야기할 수 있습니다.

코로나19 시기에는 각자 집에서 줌으로 수업을 진행하는 것이나, 빌

보드 1위를 차지한 방탄소년단의 유튜브 방송을 스마트폰으로 보는
게 전혀 어색하지 않았습니다. 이미 우리 일상에는 고속 이동통신 서
비스가 마치 숨 쉬는 공기처럼 자연스럽게 스며들어 있지요. 그렇다
보니 정작 통신기술이 무엇인지, 무엇이 발전하는지도 느끼기 쉽지 않
습니다. 광고를 통해 흔히 접하는 5G가 무엇인지, 앞으로 등장할 6G
가 무엇일지도 알기 쉽지 않죠. 불과 10여 년 전까지만 해도 새로 등
장한 LTE-4G 이동통신 서비스 덕분에 'LTE 급'이라는 용어가 새로
생기기도 했는데 말이죠.

　5G는 2018년부터 채용되기 시작한 무선 네트워크 기술입니다. 26,
28, 38 GHz(기가헤르츠) 등에서 작동하는 밀리미터파 주파수까지 이용

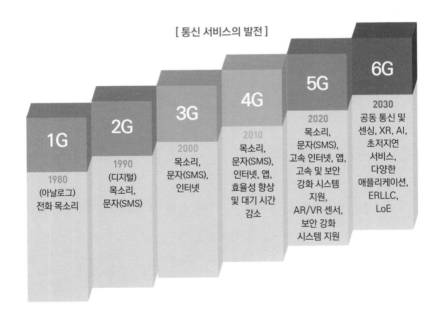

[통신 서비스의 발전]

1G
1980
(아날로그)
전화 목소리

2G
1990
(디지털)
목소리,
문자(SMS)

3G
2000
목소리,
문자(SMS),
인터넷

4G
2010
목소리,
문자(SMS),
인터넷, 앱,
효율성 향상
및 대기 시간
감소

5G
2020
목소리,
문자(SMS),
고속 인터넷, 앱,
고속 및 보안
강화 시스템
지원,
AR/VR 센서,
보안 강화
시스템 지원

6G
2030
공동 통신 및
센싱, XR, AI,
초저지연
서비스,
다양한
애플리케이션,
ERLLC,
LoE

하는 통신이지요. 아래 그림은 국제전기통신연합에서 이러한 요구 사항을 만족해야 5G 통신 기술이라 부르겠다고 정의한 표입니다. 옅은 색의 IMT-Advanced(4G)는 최대 전송 속도 1Gbps, 고속 이동성 350km/h, 전송 지연 10ms, km²당 최대 기기 연결 수를 10⁵개까지 지원해야 한다고 정의했습니다. 반면에 IMT-2020(5G를 ITU에서 부르는 이름)에서는 최대 전송 속도 20Gbps, 전송 지연 1ms, 최대 기기 연결 수 10⁶개 등으로 요구 사항을 대폭 증가시킨 것이죠. 6G에 대해서도 유사한 방식의 요구 사항이 정의될 것입니다. 앞에서 전송 속도를 높이

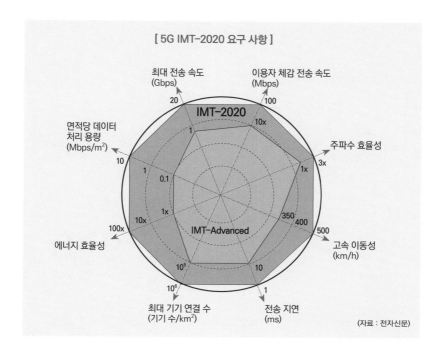

기 위해 주파수 대역을 넓히는 방법을 이야기했는데요, 이를 위해서는 고주파의 영역이 확보되어야 합니다. 5G는 밀리미터파 전송 기술을 지원하여 기가비트(Gbps)급의 전송 속도를 제공합니다. 대역폭이 넓어지는 만큼 줄어드는 도달 거리를 다시 증가시키기 위해 빔포밍과 다중전송 기술을 채용합니다. 핵심 기술로 네트워크를 쪼개 독립된 다수의 가상 네트워크로 분리하여 서비스에 따라 다양한 요구 사항을 만족시키는 맞춤형 서비스를 제공하는 네트워크 슬라이싱(network slicing)이 쓰입니다. 예를 들면 종단간(end-to end)에 밀리초(msec) 단위의 저지연 전송이 가능합니다. 또한 다양한 IoT 기기들이 대용량으로 연결될 수 있습니다. 5G는 이러한 전송 기술을 바탕으로 인공지능, 사

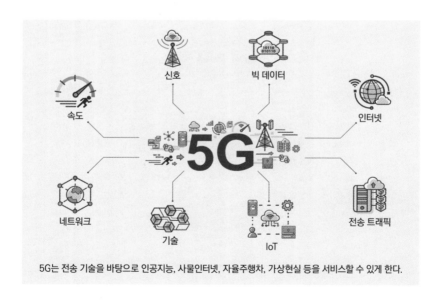

5G는 전송 기술을 바탕으로 인공지능, 사물인터넷, 자율주행차, 가상현실 등을 서비스할 수 있게 한다.

물인터넷, 자율주행차, 가상현실 등을 서비스할 수 있게 합니다.

앞에서 프로토콜을 이야기했습니다. 5G 또는 6G 통신이라는 용어는 동일한 규약을 지원하는 기술들을 묶어서 하나의 세대(Generation)로 표현한다고 볼 수 있습니다. 5G 통신의 통신 규약은 미래의 새로운 기술이나 표준에도 호환되도록 설계하는 것입니다. 예를 들어, 5G 휴대전화는 6G 네트워크가 나와도 사용할 수 있도록 향후 호환성을 갖추는 것을 염두에 두고 기술이 개발되었다고 할 수 있습니다.

6G는 5G의 다음 단계 기술로, 2028년부터 2030년경에 상용화될 것으로 예상됩니다. 6G는 140~300GHz의 초고주파 대역 사용을 염두에 두고 있습니다. 이를 통해 테라비트(Tbps)급의 전송 속도와 마이크로초(100만분의 1초, 단위 기호는 μs)의 전송 지연을 제공할 수 있습니다. 또한 위성 통신 시스템을 도입하여 해상과 항공에서도 자유로운 통신이 가능합니다. 6G는 전체 통신망에 인공지능이 적용되어 자율적으로 운영되고 미래형 지능 서비스를 제공하는 초지능 네트워크를 구현할 것입니다. 5G와 비교하면 위성 통신과의 연결성 확대를 이야기할 수 있고요. 서비스의 대상이던 인공지능이 6G에서는 통신 기술의 영역으로 들어오려는 변화를 볼 수 있습니다. 아직 6G의 표준화가 시작 단계인 만큼 국제 표준 기구와 단체를 통해 6G에서 제공될 수 있는 서비스와 가능한 기술들에 대한 논의가 이루어지고 있습니다. 이 과정을 통해 6G는 고도로 연결된, 자율적으로 운영되며 지능적인 서비스를 지원하는 혁신적인 이동 통신 기술로 발전할 것으로 기대됩니다.

글로벌 네트워크 6G는 고도로 연결된 지능적 서비스를 제공할 것이다.

🔄 인공위성 통신

테슬라의 스타링크라는 인터넷 서비스를 아시나요? 스페이스X는
기존 위성 통신망의 단점을 개선하기 위해 2021년에 지상 550km 상
공에 1,500여 개의 저궤도 위성을 발사해 더 빠르고 안정적인 위성 인
터넷 서비스를 제공하고 있습니다. 차세대 이동통신 서비스인 6G 통
신 서비스에서도 위성 통신을 표준화하려는 계획이 있습니다. 인공위
성을 이용한 통신이라는 서비스 측면에서 보면 새로운 것은 아닙니다.
이전에도 이리듐이라는 민간 위성 인터넷 서비스가 있었지요. 사막에
서도 전화할 수 있다면서 이미 30여 년 전에 서비스를 시작했습니다.

인공위성이 처음 발사된 1957년부터 이미 인공위성 통신은 시작되었고, 조금 더 영역을 넓혀보자면 기상 위성이나 GPS 위성 기술도 이미 활용되고 있지만, 보편적인 통신 수단으로서의 본격적인 위성 통신은 이제 갓 발을 뗀 단계입니다.

스타링크나 6G에서의 위성 통신 기술의 가장 큰 특징은 바로 저궤도 위성을 이용한다는 점입니다. 저궤도 위성은 말 그대로 지구 궤도의 200~6,000km 정도 높이에 있는 위성을 말합니다. 저궤도위성을 이용하면, 하나의 위성이 통신을 담당할 수 있는 지역은 작아지지만, 송수신 거리가 짧아져 통신 속도는 더 빨라집니다. 그리고 신호 감쇄도가 줄어 안정성도 높아지고요. 지역이 좁아지는 만큼 하나의 위성과 통신하는 단말도 줄어들어 그에 따른 전송 기회도 늘어나게 되죠.

반대로 위성 통신이 극복해야 하는 난관도 늘어나고 있습니다. 위

[저궤도 위성(LEO)과 중궤도 위성(MEO)의 지상 통신 영역 비교]

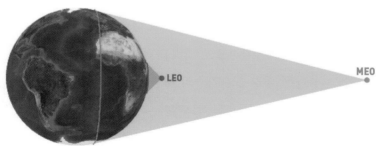

(자료 : Guan, M., Xu, T., Gao, F., Nie, W., & Yang, H. (2020). Optimal Walker Constellation Design of LEO-Based Global Navigation and Augmentation System. Remote Sensing, 12(11), 1845. doi:10.3390/rs12111845)

성 간의 거리가 가까워지고, 수신 신호의 세기도 커지는 만큼 위성 간 신호 간섭이 커져 이를 극복하기 위한 기술들이 사용되고 있습니다. 그리고 향상된 기술 관련 연구가 지속되고 있습니다. 앞에서 소개했던 빔포밍 기술이나 스케줄링 기법, 물리적인 차폐막을 고려하는 송수신 기법 등이 모두 간섭을 최소화하기 위한 기반 기술이 됩니다. 지상에서는 위성 통신 대역이 지역별로 이미 사용되고 있는 주파수 영역과 겹치는 경우, 이를 회피하거나 간섭을 최소화하는 기술의 요구 사항이 점점 커지고 있습니다.

위성 통신 기술의 발달은 통신 가능한 영역을 크게 확장해 줍니다. 상용 이동 통신의 경우 기지국을 중심으로 이루어지기 때문에 기지국이 설치된 수십km 이내에서 이용할 수 있습니다. 위성 통신은 기지국이 없는 바다 한가운데나 사막, 또는 높은 산에서의 통신 서비스 이용이 가능합니다. 특히 항공기와의 통신용으로도 유용하기 때문에 무인항공기, 자율주행 항공기, 도심항공교통 등 이른바 6G 하늘길의 활성화를 위한 유력한 기반 기술로 기대되고 있습니다.

저궤도 위성 기술이 본격적으로 상용화되고 6G에서 범용 규격화의 대상이 되어 가는 배경에는 기술의 대중화와 비용의 감소가 있습니다. 스타링크가 이리듐 통신과 비교해서 더 높은 대역폭과 짧은 지연 시간을 제공할 수 있는 이유 중의 하나는 바로 저궤도에 작은 위성을 많이 쏘아 올릴 수 있는 여건이 마련되었기 때문입니다. 스타링크뿐 아니라 원웹, 아마존(카이퍼) 등의 글로벌 기업들이 이미 천여 개의 저궤도 위성을 지구 궤도에 올려놓고 서비스를 시작했거나 준비하고 있습니다. 우리가 잘 알고 있는 스페이스X나 블루오리진 같은 민간 기업뿐 아니라 전 세계 여러 국가가 인공위성을 발사할 수 있는 시스템을 구축하고 있습니다. 우리나라도 나로호를 통해 2023년 기준 11번째 인공위성 발사체 개발 국가가 되었습니다. 약 260kg의 무게에 다양한 고성능의 장비를 탑재할 수 있는 소재와 반도체, 부품 기술 등의 기반 기술 발달이 위성 통신 기술의 본격적인 활용을 앞당기고 있습니다. 더불어 인공위성의 구동을 위한 에너지와 배터리 기술, 반도체 기술의 발달 등이 수반되고 있지요. 통신 기술이 다른 서비스와 기술 발달을 위한 기반 기술이자 모든 영역에서 동기를 제공하는 마중물 역할을 하고 있다는 또 다른 좋은 예입니다.

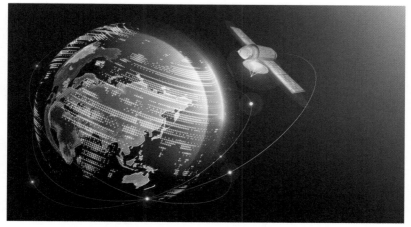

위성 통신 기술은 지구 표면에 신호를 전송하므로 통신이 가능한 영역이 넓다.

✿ 인공지능과 통신

인공지능(AI)은 언뜻 보면 통신 서비스로도 이해될 수 있지만, 이제는 통신 기술을 구축하는 주요한 수단으로 사용되기도 합니다. AI는 무선 통신 네트워크를 최적화하고, 새로운 서비스를 개발하고, 보안을 강화하는 데 사용될 수 있지요. 반면에 무선 통신 네트워크는 AI 모델의 훈련과 배포에 필요한 데이터를 제공하고, AI 모델이 실시간으로 작업을 수행할 수 있도록 합니다. AI와 통신 기술의 미래에 관한 몇 가지 구체적인 예를 소개하겠습니다.

AI는 무선 통신 네트워크를 최적화하여 속도를 높이고 지연을 줄일 수 있습니다. 5G/6G의 통신 프로토콜은 통신을 위한 방법과 틀을 만들 뿐, 구체적인 전송 및 네트워크 기술은 다양하게 구현될 수 있습니다. 또한 수많은 사용자의 서로 다른 요구 사항을 만족시키기 위해서는 많은 기능이 동작하게 될 텐데, 이러한 기능들이 효율적으로 동작하기 위해서는 '최적화'라는 과정을 거쳐야 합니다. 이러한 최적화를 위해 방대한 양의 데이터를 짧은 시간에 처리하기 위해서는 무선 통신 네트워크를 위한 AI의 역할이 커지리라고 기대됩니다.

AI는 새로운 서비스를 개발하여 무선 통신 네트워크를 통해 더 많은 기능을 제공할 수 있습니다. 아이폰이 스마트폰의 대중화를 이끌며 데이터 네트워크의 시대를 확대시켰고, 유튜브나 넷플릭스와 같은 스트리밍 서비스는 어느덧 일상화된 무선 통신 네트워크를 통해 원래

인간과 자연스럽게 소통할 수 있는 챗GPT도 인공지능과 무선 통신 기술로 가능해졌다.

부터 가능했던 것처럼 사용되고 있습니다. 이미 상용화된 5G 네트워크를 기반으로 새로운 서비스를 창출하거나, 6G 또는 이후의 네트워크를 이용하여 제공할 수 있는 서비스를 정의하고 요구 사항을 도출하는 데 활용될 수 있습니다.

또한 AI는 보안을 강화하여 무선 통신 네트워크를 사이버 공격으로부터 보호할 수 있습니다. 모두가 접근할 수 있는 무선주파수를 사용하는 만큼 보안은 통신의 프라이버시를 보장하는 데 매우 중요한 요소입니다. AI는 통신 네트워크를 구성하는 여러 장비와 프로토콜, 애플리케이션에 이르기까지 각 부분 또는 전체의 관점에서 발생할 수 있는 보안 취약성을 탐지하고, 해결방안을 모색합니다. 이후 통신 네트워크가 계속 진화하며 발전함에 따라 달라질 수 있는 사이버 공격

방식과 보안 취약점에 대응할 수 있는 중요한 도구입니다. AI와 무선 통신 기술의 미래는 매우 밝습니다. 더 나아가 두 기술의 결합은 새로운 혁신과 기회를 창출할 것입니다. 예를 들어 AI는 자율주행차, 가상현실, 증강현실과 같은 새로운 산업을 가능하게 할 것입니다.

통신과 미래 진화를 이야기하면서 주변의 다양한 이야기를 함께 했는데요, 통신은 고대로부터 사람이 또는 동물이, 그리고 현대로 와서는 사물 간에도 신호를 전달하기 위해 항상 존재해 왔고, 앞으로도 계속 존재할 것입니다. 그렇다 보니 무선 통신의 기술조차도 그 원리가 되는 기술은 이미 오래전에 다양한 수학 이론을 통해 만들어져 있었습니다. 하지만 점점 더 빨리 더 멀리, 그리고 더 많은 정보와 데이터를 전달하기 위해서는 앞에서 이야기한 것과 같은 다양한 기술이 발전되어야 합니다.

〈스타워즈〉를 보면 에피소드 7~9의 주인공으로 나오는 레이와 카일로 렌은 서로 떨어진 행성에서 포스(Force)의 힘으로 마치 같은 공간에 있듯이 대화하고 서로가 보는 것을 공유하는 장면이 나옵니다. 오래전부터 모두가 꿈꾸고 지금도 이루어지길 바라는 간절한 능력이죠. 흔히 SF 영화를 통해 우리는 미래의 모습을 상상합니다. "저게 말이 돼?", "영화니까 그렇지"라고 하면서도 실제로 "저렇게 되면 얼마나 좋을까?" 하고 기대하지요. 20세기에는 지금 우리가 들고 다니는 스마트폰을 상상이나 했을까요? 제가 좋아하는 〈스타워즈〉에는 수많은 꿈의 통신 장면들이 나옵니다. 저 멀리 떨어진 우주에서 홀로그램으로 통신하기도 하고요. 안드로이드와 말을 주고받기도 하고요(엄격히 따지면 통역이 더해진 거죠). 심지어는 텔레파시를 사용하죠. 영화는 포스를 사용하지만, 우리는 기술로 이것을 가능하게 하지 않을까 기대합니다. 마치 천리경이 망원경을 통해 현실화되고, 손오공이 타고 다니던 구름 근두운이 비행기로 현실화되듯이 말이죠.

2019년에는 원숭이의 뇌파를 해석해서 게임을 하는 실험을 진행하기도 했습니다. 사람의 뇌파가 신호로 해석될 수 있으면 아마 생각보다 빨리 현실화될 수도 있습니다. 물론 뇌파를 더 멀리 전달하기 위한 생체 에너지 이용 방법, 원하는 사람과만 통신하기 위해 어떻게 암호화할지 등의 다양한 연구가 이루어져야 할 것입니다. 챗GPT와 같은 대용량 생성형 AI 서비스의 등장으로 수많은 산업에 큰 영향을 주고 있는 시대입니다. 우리는 무엇이든 꿈꿀 수 있고 이제 현실화도 점점 빨라지는 시대에 살고 있습니다. 미래는 꿈꾸는 자의 몫입니다.

"May the force be with you."

전요셉

삼성전자 연구원으로 있습니다. 서울대학교 전기공학부를 졸업하고 동 대학원에서 통신 네트워크 연구로 박사를 취득했습니다. 미국 일리노이 공대 교환연구원을 거쳐 삼성전자에서 3GPP 표준 활동을 포함한 4G/5G 네트워크 연구개발에 참여하고 있습니다. '10월의 하늘' 강연을 통해 통신과 관련된 다양한 주제로 미래의 과학자, 공학자들을 만나고 있습니다.

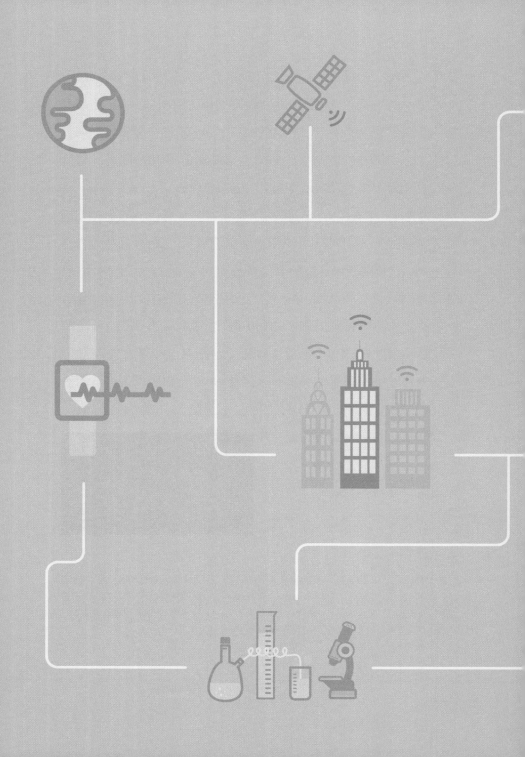

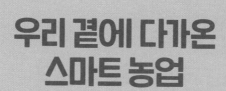

우리 곁에 다가온
스마트 농업

김연중

우리 곁에 다가온
스마트 농업

식물이 잘 자라기 위해서는 무엇이 필요할까요? 식물은 물과 빛

을 이용해 광합성을 하면서 영양분을 생성하고 이를 바탕으로 자

랍니다. 논밭의 곡식이나 채소 또한 적정한 온도와 영양분이 필

요해요. 여기에 작물이 자라면서 홍수·가뭄·강풍, 해충이나 각종

질병 등의 피해를 보지 않도록 신경도 많이 써야 합니다. 작물 재

배는 그동안 오랜 경험이 있는 농부들이 주로 해왔지만, 현대에

는 스마트 농업을 통해 작물이 잘 자라는 데 필요한 여러 요소를

상황에 맞게 자동으로 제공하고 있습니다. 이 글에서는 선조들이

자연환경을 극복해 온 지혜가 스마트 농업에 어떤 첨단 기술로 적

용되고 있는지 소개하겠습니다.

🤖 스마트 농업, 스마트 팜이란?

최근 몇 년 사이 여러 곳에서 스마트 농업, 혹은 스마트 팜이라는 단어를 자주 듣습니다. 스마트 농업은 어떤 걸 말하는 것일까요?

넓은 의미에서 스마트 농업은 다양한 센서와 정보통신기술(ICT), 사물인터넷(IoT), 로봇공학과 드론 등으로 대표되는 4차 산업기술을 농업 분야에 적용하는 농업을 말합니다. 구체적으로 첨단 장비를 사용해 작물·토양·가축 관련 데이터를 수집·분석하고, 토양·기후·질병 등의 환경을 측정·통제하여 이들 데이터를 기반으로 자동화·기계화를 사용해 농업 프로세스를 최적화하는 농업 시스템입니다. 최근에는 마케팅이나 변화 예측 등에 쓰이는 소프트웨어에 토지와 작물 관련 데이터를 입력하고 통합하는 과정이 새롭게 추가되었습니다.

좁은 의미로는 작물과 가축의 생육환경을 적정하게 조정하고 유지할 수 있는 온실·축사·과수원 등의 농장을 말하지요. 한국형 스마트 농업은 적용 대상에 따라 시설 원예인 스마트 온실, 과수 분야의 스마트 과수원, 노지 분야의 스마트 작물 관리 및 지능형 농기계, 축산 분야의 스마트 축사로 나눌 수 있습니다. 작물은 가축과 달리 자연환경의 영향을 많이 받습니다. 그래서 스마트 농업은 자연환경의 피해를 줄이거나 효율적으로 관리해 작물이 잘 자라고 수확량을 늘리도록 발전해 왔습니다.

작물이 잘 자라기 위해서는 어떤 조건이 갖춰져야 할까요? 우선 작물이 잘 자라게 하기 위해서는 다음의 네 가지를 고려해야 합니다.

1. 잘 자랄 수 있는 환경 만들기
2. 아프지 않게 하기, 아프면 잘 치료하기
3. 정밀하고 편하게 재배하기
4. 작물 잘 관찰하기

이 글에서는 작물과 관련한 시설 원예와 노지, 열매를 얻기 위해 가꾸는 나무를 통틀어 이르는 과수 분야의 스마트 농업을 알아보고 작물 생장에 필요한 위의 네 가지 조건을 맞추기 위해 어떤 기술이 적용되는지 하나씩 소개하겠습니다.

잘 자랄 수 있는 환경 만들기

재배 환경 관리하기

우리 주변에서 가장 쉽게 볼 수 있는 시설 원예부터 살펴보겠습니다. 시설 원예는 외부 날씨의 영향을 최소화하여 작물이 잘 자랄 수 있는 환경을 만드는 게 목적입니다. 대표적인 시설 원예인 온실은 작물이 자라는 데 최적화된 온도와 습도, 이산화탄소 같은 기상과 대기 환경을 제공합니다. 그리고 외부로부터 해충이 들어오지 못하게 막는 데 유리해 작물의 질병 피해를 줄입니다. 자동화된 관수(물공급)와 관비(비료·양액 공급) 설비를 이용해 작물의 생육에 필요한 물과 영양분을 공급할 수도 있고요.

작물을 재배하기 위해서는 넓은 땅이 많이 필요하기 때문에 온실은 상대적으로 땅값이 저렴한 농촌 지역에 있습니다. 최근에는 온실 환경을 만들기 어려운 도심에서도 채소류나 특수작물 재배를 할 수 있는 도심형 온실(실내형 스마트 농업) 연구가 진행 중이고 사업화도 병행되고 있습니다.

실내 스마트 농업은 좁은 공간을 최대한 효율적으로 이용하기 위해 고정형 수직 재배나 이동형 수직 농법을 적용합니다. 고정형 수직 농법은 같은 장소에서 여러 층으로 나누어 작물을 재배할 수 있는 베드(bed)를 만들고, 식물의 성장에 필요한 물질을 용해시킨 양액을 공급해서 재배하는 방식입니다. 층층이 작물을 재배할 수 있어서 공간 활

수직 농법을 적용한 스마트 농업(왼쪽)과 LED 광원을 사용하는 스마트 농업(오른쪽)

용도가 매우 높은 농법입니다. 이동형 수직 농법은 작물을 재배하는 베드를 이동할 수 있어 고정형에 비해 공간과 설비 효율을 극대화한 방식입니다. 실내 스마트 농업은 식물의 광합성에 필요한 태양광을 공급하기 어렵기 때문에 별도의 빛이 필요합니다. 최근에는 LED 기술의 발달로 작물의 특성에 최적화된 빛을 제공할 수 있게 되었습니다.

반면 실외 스마트 농업은 노지인 논이나 밭, 과수원 등을 전부 외부와 단절된 환경으로 만들기 어렵습니다. 따라서 자연을 최대한 이용하고, 최신의 기술을 접목하여 작물을 재배할 수 있도록 효율적으로 환경을 조성합니다.

빛 관리하기

빛은 광합성을 위해 꼭 필요한 요소입니다. 시설 원예에서는 조명으로 조절이 가능하지만, 노지에서는 그동안 햇빛을 조절하는 것은 불가능했습니다. 그런데 최근 여러 소재와 시설물 설치 기술이 발전하여 일부 의미 있는 성과가 나오고 있습니다.

작물이 강한 햇빛에 오랜 기간 노출되면 화상을 입거나 화상 부

강한 햇빛을 막기 위해 과수원에 설치한 차광막

위에 병원균이 침입하여 병해가 발생합니다. 이를 일소 피해라고 하지요. 한여름 일소 피해를 줄이는 데 차광막을 사용합니다. 우리가 더운 여름 양산을 쓰듯, 과수원 상공에 햇빛을 가릴 차광막을 설치합니다. 일소 피해가 예상되면 차광막을 펼쳐서 햇빛 일부를 차단하여 피해를 줄이는 방법입니다.

반면에 햇빛을 더 많이 모아야 할 때도 있습니다. 이때 유용한 방법은 반사 필름입니다. 지면에 반사 필름을 설치하면 햇빛을 반사해 과일 아래쪽 착색에 도움을 주고 더 많은 햇빛을 받게 하여 당도를 높입니다. 반사 필름은 은박지나 은박 비닐을 사용하므로 바람에 날려 전선 등에 붙게되면 화재의 위험이 있어 이용할 때 관리를 잘해야 합니다.

물 관리하기

농사를 짓는 데 물은 넘쳐도, 부족해도 문제입니다. 과거에는 가뭄이나 홍수를 대비하여 필요한 물을 가둬두는 방죽·저수지·댐 같은 시설을 만들고, 물길(수로)을 정비했습니다. 저수지나 방죽으로부터 물을 끌어다 작물에 공급하는 일련의 장비를 관수 설비라고 합니다. 오늘날 대표적인 관수 설비는 스프링클러입니다. 일정한 범위 안에 있는 농작물에 물을 뿌려서 공급하는 장치로 작물에 물이 필요한 시점에 물을 공급해 잘 자랄 수 있도록 하지요. 최근에는 관수 설비를 개선해 물 외에도 비료 주기(관비)를 병행하기도 합니다.

스프링클러(왼쪽)와 온실 내 관수 시스템(오른쪽)

영양분 관리하기

동물이 잘 먹지 못하면 잘 자라지 못하고 각종 질병에 시달리는 것처럼 작물도 영양분이 부족하면 질병에 잘 걸립니다. 따라서 적절한 영양분을 공급해 병충해에 피해 없이 강하게 자라도록 신경을 써야 합니다.

같은 장소에 동일 작물을 재배하면 땅의 힘(지력)이 떨어집니다. 이럴 때는 거름으로 영양분을 공급해 지력을 키워줍니다. 또 작물 생육·생장에 따라 적절한 시기에 비료를 써서 영양분을 제공해야 합니다. 우리 조상들은 다양한 거름을 사용했는데, 두엄(퇴비)뿐 아니라 똥, 오줌, 재, 똥재, 풀, 깻묵, 쌀겨, 삶은 곡식, 생선이나 동물 뼈, 나뭇가지 등의 재료를 사용했습니다. 근대화 이후에는 여러 종류의 화학성분 비료를 개발하여 사용하고 있습니다. 최근에는 자동화된 관비 설비를 이용하여 작물 성장에 꼭 필요한 시점에 필요한 양의 영양분을 제공하는 사례가 늘고 있습니다.

온도 관리하기

날씨가 추우면 몸을 따뜻하게 해줘야 하는 것처럼, 추위에 약한 작물을 키울 때는 겨울철 보온에 신경을 써줘야 합니다. 대표적인 보온 방법은 짚으로 감싸는 것입니다. 짚으로 감싸는 것은 보온 효과뿐 아니라 해충들이 짚 속에서 겨울을 나기 때문에 작물을 감쌌던 짚을 봄철에 소각하면 해충을 방제하는 데도 도움이 됩니다.

초봄에 서리가 내려앉으면 작물의 꽃이나 과실, 어린잎의 세포를 손상시키는 등의 냉해가 발생합니다. 또 여름철 이상 저온, 일조량 부족으로도 냉해가 생길 수 있는데, 이를 방지하기 위해 따뜻한 바람을 뿜어내는 열풍방상팬과 미세분무 기술을 활용하고 있습니다.

열풍방상팬은 하단부의 보일

냉해를 방지하기 위해 설치한 열풍방상팬

러에서 데워진 공기를 파이프를 통해 상부의 팬에 보내면 팬이 따뜻한 공기를 과수가 있는 방향으로 뿜어주는 역할을 합니다. 또 보일러의 동작이 없어도 지상 8m 정도 높이(역전층)의 따뜻한 공기 바람을 과수원으로 보내 꽃과 과수의 냉해를 방지하지요.

미세 분무(살수)는 수증기가 열을 흡수, 방출하여 주위의 열을 빼앗거나 방출하는 원리를 이용한 온도 조절 방법입니다. 추울 때는 승화 작용으로 주위 온도를 높여 냉해를 방지하고, 더울 때는 기화 작용으로 주위 온도를 낮추어 고온으로 인한 피해를 방지합니다.

바람 관리하기

수확 전 바람의 영향으로 피해를 보는 경우가 있습니다. 이런 피해를 막기 위해 선조들은 돌담과 방풍림 등의 바람 피해 방지 대책을 세웠습니다. 돌담은 주로 텃밭처럼 좁은 영역에 있는 작물을 보호했고, 방풍림은 조금 더 넓은 영역의 작물 보호에 활용되었습니다.

최근 들어서는 바람을 막기 위해 그물망을 많이 설치하는 추세입니다. 방풍 그물망은 거센 바람을 쪼개는 역할을 해서 돌담이나 방풍림과 유사한 효과를 냅니다. 그 외에도 야생 동물의 침입으로부터 농작물을 보호하는 효과도 있습니다.

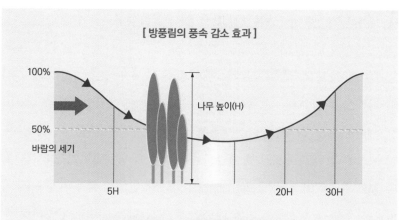

[방풍림의 풍속 감소 효과]

100%

나무 높이(H)

50%
바람의 세기

5H   20H   30H

- 방풍림은 그 높이의 5배 전방에서부터 바람을 잦아들게 만든다.
- 바람의 강도는 방풍림을 통과하면서 4분의 1 정도까지 준다.
- 방풍림은 나무 높이의 35배 거리 뒤까지 미친다.
- 높이 10m의 방풍림이 형성돼 있다면 방풍림 전방 50m에서부터 바람이 잔잔해지기 시작하고 350m 뒤까지 영향을 미친다.

과수원에 바람 피해 방지를 위해 설치한 방풍 그물망

🎏 아프지 않게 하기, 아프면 잘 치료하기

아무리 작물이 잘 자라도록 여러 환경을 제공해도 해충이나 질병의 피해를 피할 수는 없어요. 우리 선조들은 해충이 겨울 동안 지낸 장소를 태우는 쥐불놀이, 논밭두렁 태우기, 짚 싸개 태우기 등을 통해 농작물을 병충해로부터 예방하거나 해충을 없앴습니다. 그러나 최근 농촌진흥청의 연구에 따르면 논두렁이나 밭두렁 태우기가 농사에 이로운 생물까지 없애게 되어 해충을 죽여서 얻는 이익보다 오히려 손해가 더 크다고 합니다. 또 산불 위험이나 미세먼지 발생 등의 피해가 있고요. 따라서 불로 태우는 방식 외에 해충의 천적을 활용한 친환경 농법이나 약제를 이용한 방제를 권장하고 있습니다.

가장 쉽고 강력한 방제 수단으로는 농약을 들 수 있습니다. 농약은 제초제, 살균제, 살충제 등 약제를 말하는데 최근에는 작물 보호제 또는 식물 보호제라고 해요. 이런 농약을 해충과 질병을 방제하는 목적으로 살포하지만 때때로 농약을 주고 뿌리는 사람이 중독되는 피해를 입기도 해 주의해야 합니다. 이러한 피해를 줄이기 위해 다양한 연구가 진행되고 있습니다.

시설형 방제

시설형 방제는 앞에서 본 관수·관비 시설을 활용하는 방법으로 미세분무(살수)를 활용하여 작물 보호제를 도포하는 것입니다.

그리고 시설 원예의 경우에는 온실 레일 이동식 방제 시스템을 활용한 시범 사례가 있습니다. 이 시설을 이용할 경우 방제장치가 온실에 설치된 레일을 따라 자동으로 이동하며 작물 보호제를 살포하기 때문에 사람이 온실에 들어가지 않아도 됩니다.

이동형 방제

시설 원예와 같이 온실 또는 위치가 고정된 관수·관비 장치를 이용한 방제 이외에도 이동형 방제기가 많이 사용되고 있습니다. 대표적인 예가 지상 이동형 방제기인 스피드 스프레이 장비, 일명 SS(Speed Spray)와 드론이 있습니다. SS는 작은 자동차와 같은 장비 위에 방제를 위한 약제통과 분무기를 설치한 모양입니다. 탑승자가 외부에 노출된 오픈카형과 탑승자를 약제로부터 보호하기 위해 커버를 씌운 캐빈형이 있습니다. 최근에는 무선 조종이 가능한 제품과 자동주행(자율주행)이 가능한 제품이 출시되고 있습니다. 특히 SS는 과수와 같이 잎의 앞

[스피드 스프레이 장치]

오픈카형(환아에스에스)   캐빈형(한성티앤아이)   보행형-무선조종(승진프로슈머)

드론을 이용한 작물 방제

뒷면을 방제해야 하는 때 매우 효과적입니다.

드론으로 방제할 때는 약의 무게를 감당할 수 있는 대형 드론을 사용해야 하기 때문에 드론 운용 자격증이 필요해요. 드론을 사용하면 SS를 이용하거나 사람이 직접 하는 것보다 더 빠르게 넓은 영역을 방제할 수 있습니다. 그리고 미리 방제 영역을 설정하면 자동 방제도 가능해서 방제사도 안전하고 노동 강도도 대폭 줄일 수 있지요. 다만 과수와 같이 잎의 뒷면에도 약제를 뿌려야 하는 작물보다는 벼와 보리 같은 위쪽에서만 뿌려도 효과가 충분한 작물에 주로 사용하고 있어요.

정밀하고 편하게 재배하기

인류가 문명사회를 발전시킬 수 있었던 원동력 중 하나는 도구의 사용입니다. 특히 가장 오래된 산업 분야인 농업에서는 예로부터 많은 도구가 사용되었어요. 최근에는 농업 분야에 자동화 장비와 정밀 장비의 도입이 빨라지고 있습니다.

물류와 이동 장비

화물 운반에 사용되는 자동화 장비들은 자동주행 또는 자율주행 기능을 갖는 무인 운반차(AGV, Automated Guided Vehicle)와 자율주행 로봇(AMR, Autonomous Mobile Robot) 그리고 무인 지상차량(UGV, Unmanned Ground Vehicle)이 물류나 산업현장에서 많이 사용되고 있습니다. 최근 농업 분야에도 이런 장비들이 많이 적용되고 있습니다.

무인 운반차나 자율주행 로봇이 농장에서 잘 동작하기 위해서는 우선 현재 장비가 있는 위치를 정확히 알 수 있어야 합니다. 정밀한 위치 측위를 위해서는 전자 지도와 위치를 특정할 수 있는 기술이 필요해요. 여기서 전자 지도란 내가 작업하고자 하는 농장의 정확한 위치와 형상을 수치로 표현한 지도를 말해요. 정밀한 지도가 있으면 작물의 위치를 입력하여 무인 운반차나 자율주행 로봇이 이동 중에 작물과 충돌하지 않도록 할 수 있습니다. 그리고 방제할 때 작물에만 약제가 살포될 수 있도록 해줍니다.

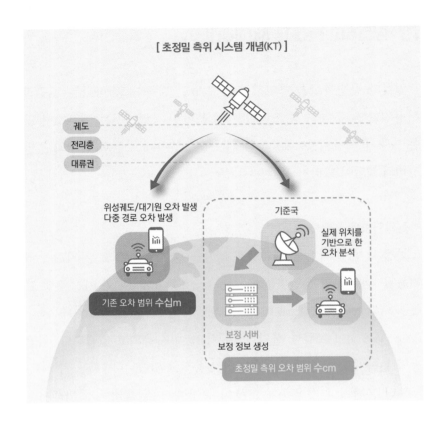

[초정밀 측위 시스템 개념(KT)]

궤도
전리층
대류권

위성궤도/대기원 오차 발생
다중 경로 오차 발생

기준국

실제 위치를
기반으로 한
오차 분석

기존 오차 범위 수십m

보정 서버
보정 정보 생성

초정밀 측위 오차 범위 수cm

위치를 정밀하게 측정하기 위해서는 위성에 기반한 위치 측위 기술(위성항법시스템, GNSS)이 필요합니다. GPS, 갈릴레오(Galileo), 글로나스(GLONASS), 베이더우(BeiDou) 등을 사용하며, 근거리에는 무선 센서에 기반한 블루투스(Bluetooth), 와이파이(Wifi), 지그비(Zigbee), 비콘(Beacon) 등의 기술로 위치를 정확히 알아냅니다.

농장에서는 무인 운반차나 자율주행 로봇만이 아니라, 작업자들도 같이 이동해요. 따라서 장비의 위치, 작물의 위치를 확인하는 것 외에도 이동하는 작업자의 위치를 확인할 수 있는 라이다(LiDAR) 기술도 사용됩니다. 라이다는 레이저 펄스를 발사하여 주위의 대상 물체에서 반사되어 돌아오는 빛을 받아 물체까지의 거리 등을 측정합니다.

웨어러블 슈트

무인 운반차, 자율주행 로봇, 드론 같은 장비를 도입해도 농부의 노동력이 필요한 작업이 완전히 사라지지는 않습니다. 그래서 무거운 물건을 들거나 옮기는 데 힘이 덜 들어 농부의 노동 강도를 줄여주기 위한 웨어러블 슈트가 개발되어 시범 운영 중입니다. 고령화로 인한 농촌 노동력 부족 현상을 해결하는 데 도움이 됩니다.

무거운 수확물을 옮길 때 힘이 덜 들도록 도와주는 웨어러블 슈트

🎛️ 작물 잘 관찰하기

'작물은 농부의 발소리로 자란다'라는 말이 있어요. 예로부터 쌀 한 톨을 얻기 위해는 농부가 88번 땀을 흘려야 한다고 했습니다. 그래서 쌀을 뜻하는 한자 米(쌀 미)는 八(여덟 팔)과 十(열 십), 그리고 八(여덟 팔)을 붙여 놓은 모양입니다. 작물이 잘 자라기 위해서는 그만큼 농부의 세심한 관찰과 노력이 필요함을 잘 표현하고 있습니다.

환경 모니터링 장치

작물을 기를 때는 여러 환경 정보를 잘 관찰(모니터링)해야 합니다. 환경 정보 관찰 장치로는 온도, 습도, 강우량, 일조량, 풍향, 풍속 등을 측정하는 기상 센서가 있습니다. 그리고 땅속 전해질 농도(EC)와 염도(pH), 습도,

지중 센서로 땅속의 물과 토질, 전해질 등의 상태를 관찰하고 측정할 수 있다.

온도 등을 측정하는 지중 센서가 있습니다. 땅속 전해질은 물 따위의 용매에 녹아 이온화되어 생기는 물질입니다.

영상 모니터링 장치

작물의 생육이나 병충해의 상황을 모니터링하는 장치로는 이미지, 비디오 같은 영상 정보가 주로 사용되며 고정형과 이동형으로 구분할 수 있습니다. 고정형은 마치 CCTV처럼 기둥, 천장, 벽면 등 고정된 위치에서 작물을 관찰하는 장비입니다. 이동형 모니터링 장치는 지상 이동형, 레일 이동형, 공중 이동형 등의 모니터링 장치로 구분할 수 있습니다. 이중 레일 이동형은 온실과 같은 시설물에 레일(이동을 위한 길)을 설치하고, 레일을 따라 모니터링 장치가 이동하도록 구성합니다.

반면 노지에서는 레일을 일정하게 설치하기 어렵기 때문에 무인 운반차나 자율주행 로봇을 이용한 지상 이동형 모니터링 장치를 사용해요. 지상 이동형 모니터링 장치는 고정형의 모니터링 음영지역이나, 공중 이동형이 살피기 어려운 부위(과수의 하단부)를 모니터링하는 데 효율적입니다. 특히 과수화상병처럼 전염성이 강한 질병이 발생하면 발병 농장의 진입이 제한되는데, 이런 경우 병의 증상을 관찰하거나 연구 자료를 확보하는 데도 유용하게 사용되고 있습니다. 공중 이동형 장치는 넓은 범위를 빠르게 모니터링할 수 있다는 장점이 있어요. 보통 드론에 카메라를 장착하는 형태입니다. 공중에서 농장의 전반적인 상태를 살펴보거나 지상 이동형과 같이 농장 출입이 제한되는 경우 작물에 근접할 수 있어 작물 상태에 관한 정보를 얻는 데 사용됩니다.

정밀 모니터링 장치

전자기파는 여러 개의 스펙트럼(spectrum, 복합적인 데이터를 잘게 분해해서 표시)으로 구성되어 있습니다. 스펙트럼에는 우리가 잘 아는 X-rays부터 살균, 멸균 등의 용도로 사용되는 자외선(UV)이 있습니다.

일반적으로 카메라로 촬영된 영상은 사람이 눈으로 볼 수 있는 주파수 범위인 가시광 영역입니다. 가시광 영역은 VNIR이라고 합니다. 반면 적외선 영역은 크게 근적외선(NIR)과 단파장 적외선(SWIR), 중파장 적외선(MWIR), 장파장 적외선(LWIR)으로 구성됩니다. 근적외선은 공업용이나 의료용으로, 단파장 적외선 영역은 여러 검사 장비나 측정 용도로 사용됩니다. 중파장 적외선은 고온의 목표를 탐지하는 데 유리해 군사용으로 사용합니다. 마지막으로 장파장 적외선 영역은 사람의 체온 측정이나 누수 등을 감지할 때 사용하는 일반적인 열화상 카메라에 사용됩니다. 적외선 영역에는 우리 눈으로 볼 수 없는 많은 정보가 포함되어 있습니다. 이 적외선 영역 중 근적외선 영역과 단파장 적외선에는 작물의 수분 지수나 광합성 지수 등을 판별하는 지표로 활용되는 다수의 주파수 밴드(파장대역)가 모여 있습니다. 이렇게 다양한 주파수 파장대 정보를 수집할 수 있는 특수 목적 카메라를 다분광(multi-spectral) 또는 초분광(hyper spectral) 카메라라고 해요.

다분광 카메라는 5~10개 이내의 주파수 대역을 촬영하는 반면, 초

[전자기파의 파장대별 활용]

파장대	활용
가시광 (400~1,000nm)	– 대상물의 색과 관련된 분광 정보 및 일부 근적외선 밴드를 포함 – 주로 색 정보가 필요한 산림, 해양, 수질·수자원, 농업 분야에서 사용
단파장 적외선 (1,000~2,500nm)	– 대상물의 수분 정보와 지질 특성, 재질 식별 등에 유용하여 주로 산림 (나뭇잎 수분 함량·병충해), 지질, 농업 토양, 해양(갯벌 토질) 분야에 사용
장파장 적외선 (8~12μm)	– 대상물의 온도 정보, 재질 식별, 가스 탐지 등에 유용하여 주로 도시 열섬 현상을 탐지하고 군사적인 표적물 탐지, 피복물의 재질 식별에 이용

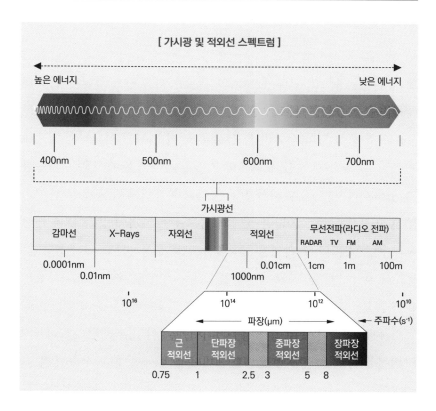

[가시광 및 적외선 스펙트럼]

초분광 카메라가 탑재된 드론

분광 카메라는 100~150개 내외의 주파수 대역을 촬영합니다. 이런 영상 장비를 이용하면 여러 형태의 식생 지수(작물의 생육 특성을 알 수 있는 지수)를 얻을 수 있어 작물의 생육 상태, 질병 여부를 판단하는 자료로 활용할 수 있습니다. 특히 초분광 카메라는 다양한 대역의 주파수를 수집할 수 있어 아직 밝혀지지 않은 주파수 대역과 작물의 질병, 자라면서 환경적 요인이나 영양 불균형 등으로 인해 발생하는 생육 장애(생리장애), 충해의 상관관계를 규명하는 연구에 활용되고 있습니다.

인공지능

가시광 카메라와 초분광 카메라뿐 아니라 다양한 형태의 모니터링 장비에서 촬영된 영상은 영상 분석 인공지능(AI)을 통해 생육단계, 생리장애, 질병, 해충 등을 분석합니다. 인공지능이 영상을 분석하기 위해서는 학습이란 과정을 거쳐야 합니다. 어린아이가 사과 사진을 보고 사과라는 것을 인식하기 위해 공부하는 것처럼 인공지능은 반복해서 다양한 이미지를 보고 학습합니다. 좋은 학습 효과를 내기 위해서는 정확한 정답지가 필요하지요. 이런 정답지를 학습용 데이터라고 하고 이를 만드는 가공 과정을 어노테이션(annotation) 또는 라벨링(labeling)이라고 합니다. 학습용 데이터를 이용해 학습된 인공지능은 추론이라는 과정을 통해 입력된 영상이 어떤 영상인지를 판단합니다.

인공지능 기술의 도입으로 농부는 작물의 생육 상태에 따라 생리장애, 질병, 해충 발생 시 그 종류에 따라 적정한 방제를 선택하는 의사결정에 도움을 받을 수 있습니다. 조기에 해충을 방제하면 불량 작물을 줄일 수 있고, 적절한 시기에 관수·관비를 잘하면 수확량이 증

토마토를 수확하는 자율형 미니 트럭

가해 생산성 증대 효과와 비용 절감 효과를 얻을 수 있습니다. 스마트 농업에도 인공지능이 도입된 다양한 형태의 자동주행·자율주행 장치(AVG, AMR, 자동주행 트랙터 등)와 수확 로봇들이 연구되고 있습니다. 수확 로봇의 AI는 작물 수확 시기를 정확히 판단하거나, 과일의 정확한 위치를 인식하여 로봇 집게로 과일을 수확하도록 합니다.

지금까지 스마트 농업에 적용된 여러 기술들을 살펴봤습니다. 과거 영화에서나 볼 수 있었던 다양한 로봇과 인공지능이 접목된 상상 속 제품들이 최근 스마트 농업에 적용되고 있습니다. 이러한 기술은 우리나라뿐 아니라 세계적인 추세입니다. 기후 변화에 따른 식량 문제 해결에도 도움이 될 수 있으리라 기대합니다. 앞으로 얼마나 더 정밀하고 편리한 스마트 농업 제품이 등장할지 상상하는 것만으로도 가슴이 설렙니다. 우리 곁에 다가온 스마트 농업! 현실로 만드는 데 같이하실 거죠?

| 참고문헌 |
한국과학기술기획평가원(2021). 〈기술동향브리프 스마트 농업〉 2021-3호
농진청 보도자료(2021. 2. 22). 논두렁 태우기가 농경지 내 절지동물에 미치는 영향
서병선. 식물생리학-환경 및 스트레스 생리 강의 자료(2018년도 2학기)

김연중

컴퓨터를 이용하여 인간을 편하게 하는 기술을 연구합니다. 전북대학교 컴퓨터공학과에서 학부와 석사를 마쳤고, 박사 과정을 수료했습니다. 팅크웨어(주)에서 시공간 데이터를 위한 검색엔진을 개발했고, 현재 라온피플(주)에서 인공지능을 접목한 스마트 팜을 연구하고 있습니다. 과학이 신비하고 어렵기만 한 것이 아니라 쉽고 재미있으며 우리 주위에 친숙한 모습으로 존재한다는 것을 청소년에게 널리 알리고 있습니다.